Irasshaimase！

一直以來，料理都是我的生活重心。出生於東京的我，兒時回憶多半與日本料理連結在一起。像是每天早上媽媽親手為我準備的便當，我總是滿心歡喜地帶到學校，坐在校園內的長椅上享用；或是每逢慶典必吃的美味佳餚——日式炒麵，以及經常在路邊小販看到的炸蝦天婦羅或炸蔬菜。

長大以後，對這傳承自老祖宗的料理有了更深一層的體悟，並逐漸地明白——看似簡單純淨的日本料理，從食材的挑選、料理的手法、碗盤的選用等均有其獨特的文化內涵，值得細細品味。

在國外，多數人對日本料理的認識尚停留在壽司，但事實上日本料理遠比這豐富許多。我希望透過這本書來分享我對日本料理的熱情，也期許有更多人能認識如此豐富、美味，且容易上手的日本料理。

目錄

前言:日本料理的基本

日本料理代表著日本傳統飲食文化，又稱之為「和食」。聯合國教科文組織更是於2013年，將它列入世界非物質文化遺產。

由於日本的氣候四季分明，日本人也深信食材各有最佳食令，因此特別喜愛享受當季食材所帶來的感動與驚喜。春天，喜歡呼朋引伴在櫻花樹下野餐，享用便當料理；炎炎夏日，只要來盤清爽的冷麵，便能趕走酷熱的暑氣；秋天楓紅之際，大啖秋蟹是最大享受；冬天，最棒的體驗，莫過於泡完湯後盡情享用熱呼呼的鍋物料理了。

深受不同飲食文化滋養的經典料理

日本料理深受外來飲食文化的影響。例如醬油拉麵——這道名聞遐邇的湯麵，其實源自於中國；日本的炸物料理天婦羅，則要歸功於葡萄牙；香濃的咖哩飯則要感謝香料國家印度。至今，只要在東京街頭閒晃一圈便能發現充滿創意及活力的日本料理仍持續創新中：例如飯糰三明治（onigirazu），一種介於手捲與美式三明治的飯糰；或者是以傳統日本食材製作而成的法式甜點。

基本菜色結構

「一汁三菜」是日本料理的基本菜色結構，即一碗白飯加上一碗味噌湯、一道主菜、兩道副菜的組合。主食除了白飯外，也經常食用蕎麥麵、烏龍麵以及拉麵等麵食。一般主菜多採用魚、肉、豆腐等富含蛋白質的食物。肉類蛋白質的部分，因為日本為一島國，四面環海的緣故，故多以魚類、海鮮為主。雖然早期有食肉習慣，但受到佛教影響，曾被視為禁忌。後來隨著時代的變遷，接受西方飲食文化後才又恢復。植物性蛋白質則來自於黃豆，如豆腐、納豆、味噌等。兩道副菜的話，大多會使用青菜、菇類、豆類、海藻等維生素、纖維素含量高的食材。飯後點心經常是份簡單的水果切片，佐餐的飲料則有茶、啤酒或清酒。

日本人是世界上最長壽的民族之一，這與其健康的飲食習慣息息相關。特別是位於日本南部的沖繩群島，與被譽為「長

壽島」，位於地中海的希臘克里特島，其飲食方式十分相似－－低卡路里（即低糖）、低飽和脂肪、大量穀物（主要為米飯）、豆類（豆腐）、蔬菜和水果，以及豐富而天然的海鮮（魚、海帶、蝦蟹），肉類則十分少食，甜點更是幾乎沒有！

傳統的用餐型態和習俗

基本上每日以三餐為主。有些人會在正餐時間外，加上一份小點心。傳統的早餐是以一碗白飯搭配醬菜、海帶和味增湯，有時會加上一條烤魚！最簡單的則是白飯佐一顆醃製過的梅子，展現出日本國旗代表的大和精神。

午餐以傳統和食為主，白飯搭配魚肉蔬菜料理，再加上一碗湯。白天待在學校或辦公室內的人，通常會帶著裝滿豐富菜餚的自製便當。外食族則可選擇餐廳販售的午餐定食，價格親民、上菜迅速，非常適合用餐時間有限的上班族。

晚餐則是最豐盛又愉悅的一餐。住在家裡的人們通常會回家享用媽媽的拿手菜，聊聊白天發生的事；有時會和同事或朋友們到居酒屋聚餐，點上幾盤下酒菜，配著啤酒或清酒小酌一番，好不過癮。尤其是在東京地區，居酒屋儼然成為上班族最佳的晚餐場所。

最棒的節慶料理，則是過年時全家人一起享用的御節料理，又稱之為正月料理。各式料理分裝入名為お重箱（ojubako）五個相疊的豪華漆器，而且每道料理都象徵著不同的祝福。

日本茶道是一種茶敘的儀式，源自於中國。原本是由習禪的和尚開始，藉此靜心修身養性。品茶時，會搭配和菓子享用。

風味與美學

日本料理受到中國五行的影響，在料理的製作上都遵循著「五色、五味、五法」的基礎原則，追求每道料理之間的和諧感。五色指的是採用白色、黑色、黃色、紅色、綠色的五色食材；五味是指生、蒸、烤、煮、炸的五種烹調方式；五法是運用酸、甜、鹹、苦、辣的味道。其極致表現就是懷石料理。比如依照季節變化挑選食材，或是對於口感上平衡的追求，甚至是盛裝菜餚器皿的用色，均有著十分嚴謹的標準。

此外，日本料理的烹調特色著重在呈現食材的自然原味。不同的烹調方式能帶來不同的舌尖驚喜，因此特別重視每一道料理的烹調手法。所以也有人說：日本料理是用五感：視覺、味覺、嗅覺、聽覺、觸覺來品嚐的料理。

Cooking utensils & ingredients

烹飪器具與食材

在進入日本料理實作之前，認識烹飪器具與常用食材是十分重要的功課。這幾頁所提到的器具和碗盤將能幫助您掌握到日本餐桌與藝術的概念。當然，即便不熟悉所有的器具還是能做出一桌美味佳餚，只是若能善用部分器具，將可以省下一些心力。

砧板

扇子

飯糰模型

燒烤竹籤

壽司竹簾

魚刀　　蔬菜刀　　多用途削皮刀

鐵盤

烹調用長筷子

磨泥器

木製鍋鏟

竹撈勺

方形玉子燒平煎鍋

日式研磨缽

不銹鋼鍋鏟

STAINLESS SS STEEL
AISI 420

味噌湯碗

餐具組（湯匙叉子）

甜點叉

醬汁佐料瓶

飯匙

壽司飯木桶

竹篩（笊籬）

湯勺

便當盒

烹飪器具和餐桌藝術

製作日本料理會使用到的烹調器具與日常的有所不同。由於這些器具和碗盤的選用，牽涉到生活藝術以及料理美學的賞析，所以有著嚴謹的標準。以下說明將能幫助您快速掌握其秘訣。

日本刀具

日本刀具舉世聞名，而且種類繁多。依照用途至少須備有：一把能精準切魚、牛肉薄片等單邊斜面、長刃的魚刀；一把能將蔬菜切成細絲或剖開大型蔬菜（白菜、南瓜…），雙邊斜面、刀刃呈長方形的蔬菜刀，以及一把雙邊多用途的斜面削皮刀。

扇子

扇子能用來搧涼壽司醋飯。

壽司竹簾

製作壽司時不可或缺的用具。竹子材質的韌度能幫助我們不留指印地做出勻稱的壽司捲！

飯糰模型

飯糰可以用手捏成或藉助各種形狀的模型來塑型，比如常見的三角形。記得先將模型泡過水後再放入白飯，以免沾黏。

薑蒜磨泥器

這種日式刨刀的特色是孔洞細緻，能將薑蒜磨成泥狀。體積小方便收納，且價格不貴，建議您可以購買一副。

方形玉子燒平煎鍋

這種煎鍋是專門用來做日式蛋捲。方正的造型能煎出磚狀的蛋捲，也可使用圓形的高邊煎鍋，煎出來的蛋捲則呈橢圓形。

日式研磨缽

　　研磨缽是搭配研杵一起使用。日式研磨缽的特色是內有纖細紋理，開始敲打或搗碎時，能加速食材研磨成細小狀以及增加香味的層次。木製的研杵能輕易磨碎芝麻。

壽司飯木桶

　　一種用來準備壽司飯的木桶，搭配飯杓使用。微淺的圓形木桶造型，便於將米飯和醋作混合，再用扇子搧涼冷卻。

竹篩

　　具有孔隙的篩（笊籬）不僅能當作濾網使用，也能用來盛裝麵或炸物。

餐具組

　　餐叉、湯匙、甜點叉等餐具，通常是端盤時隨菜餚一起附上。市售有木製上漆或竹製的材質。

便當盒

　　用來盛裝菜餚的餐盒。傳統的日式便當盒是以素色或上漆的木製材質為主。

醬汁佐料瓶

　　日本餐桌上常見到的兩件式醬汁（裝醬油用）和佐料（裝香鬆用）瓶。

托盤

　　在日本料理店的用餐特色，就是店員會先將盛裝於器皿的全部菜餚放置於托盤上，再端到客人面前，供客人享用。托盤的材質大多是木製漆器，深具美感。

日式碗盤

　　日本料理通常以套餐為主，所使用的碗碟均有著多元的形狀和材質，而且每種餐具和器皿均有其獨特的用途，不能混用。

　　餐具構成如下：一個寬口飯碗，通常為瓷碗；一個味噌湯碗，傳統上為木或漆器製成；一個盛裝醬汁或佐料的小碟子；一個用來裝魚、肉或蔬菜的長方形盤；一個微深的小碗用來裝沙拉；一雙裝飾精美的木或竹筷；一個筷架。由此可知，飲品的部分則有茶具（茶壺和茶杯）或是瓷製的清酒組（酒壺和小酒杯）。

麻油	辣油	味醂	清酒

蠔油	大阪燒醬	醬油	豆瓣醬

柚子醋醬	柴魚醬油	甜醬油	照燒醬

日式炸豬排醬	日式串燒醬	米醋	日式炒麵醬

日式咖哩塊
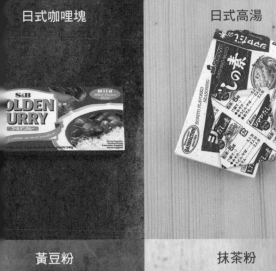

日式高湯

天婦羅粉

芝麻

黃豆粉

抹茶粉

麵包粉

炸物裏粉用（乾）

山椒

唐辛子

重辛香料混合而成的調味料

日本柚子皮粒

山葵粉

芥子
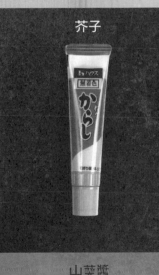

白味噌

KEWPIE 牌美乃滋

梅子泥
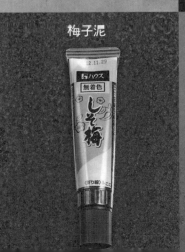

山葵醬

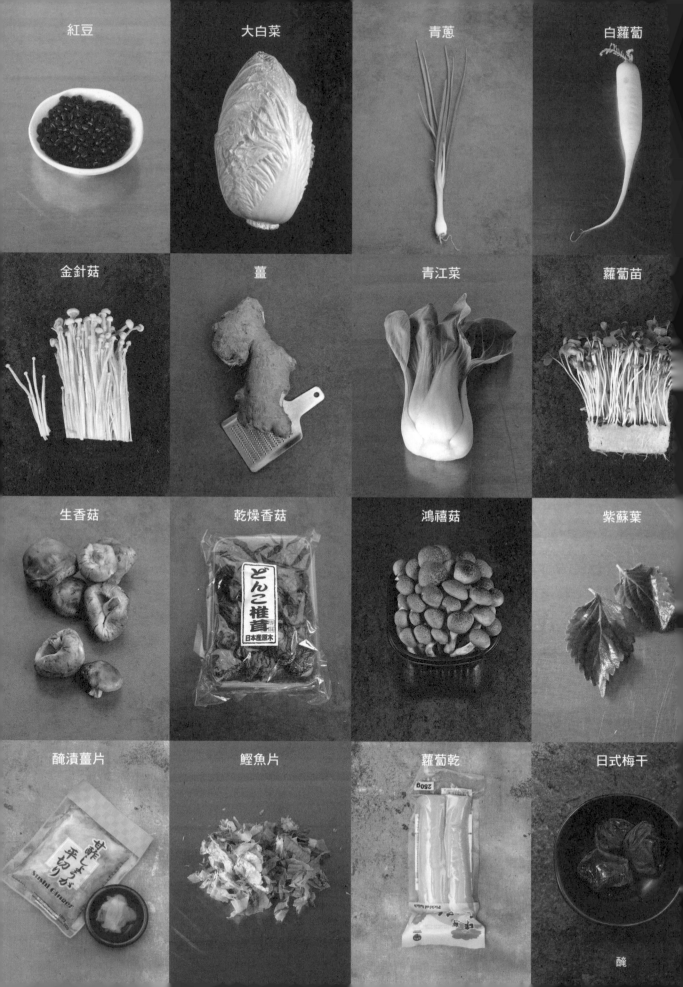

紅豆　　大白菜　　青蔥　　白蘿蔔

金針菇　　薑　　青江菜　　蘿蔔苗

生香菇　　乾燥香菇　　鴻禧菇　　紫蘇葉

醃漬薑片　　鰹魚片　　蘿蔔乾　　日式梅干

醃

洋菜	海苔粉	鹿尾菜	昆布

海苔	海帶芽	沙拉用綜合海藻	糯米

半糙米	日本米	黑米	野生黑米

板豆腐	嫩豆腐	油豆腐皮	蒟蒻麵

常用食材與調味料

日本料理善於利用當令、當地的食材，並且保留食材的自然風味。在此介紹的是經常使用的食材和調味料。

蔬菜和香草

日本最具象徵性的蔬菜非大根莫屬，即白蘿蔔。可以直接當作沙拉生食、與其它蔬菜一起燉煮成熟食，或者磨成泥當作醬料。因為它能幫助胃腸消化較油膩的食物，所以也常搭配炸物食用。

在日本料理中，菇類也佔有一席之地。香菇、鴻禧菇、金針菇等菇類會做成天婦羅、鍋物料理、湯品等。香草類蔬菜紫蘇與薄荷是隸屬於同家族的香料，亦稱作「桂荏」，常佐以壽司食用。也可以用芝麻葉或香菜替代。

醬料與佐料

醬料與佐料能增加料理的色香味。例如隸屬於辣根家族的根莖類植物——山葵，壽司的提味就少不了它。用途廣泛的薑，可磨成薑泥、用醋醃製成薑片或加入料理一起烹調。酸酸甜甜的和風醋醬，可用於料理烹調，也能當沾醬使用，雖然市面上能買得到，但親自調製的味道更棒，可以試看看。

醬油

以大豆為主要原料，加入水、鹽經過制麴和發酵過程所釀造出的醬油，不僅是台灣料理中非常重要的調味料，日本料理也是。日本的醬油種類繁多，比如於烹煮中能保持食材原色的淡色醬油，還有甜醬油、減鹽醬油以及一種不含小麥，常用於燉菜料理的溜醬油等。

味噌

以黃豆、米或大麥，加上鹽，經麴菌發酵而成的味增，是日本料理中不可或缺的調味料。按照發酵的程度，其顏色和味道有淺而淡、深而鹹之分。除了常見的味噌湯之外，也常當作醬料或醃料使用。

米醋

以米為原料，經發酵提煉而成的米醋味道柔和，常用於沙拉的調味、蔬菜的醃製和壽司飯的製作等。也可以用蘋果醋替代。

豆腐

日本豆腐的特色是色白，柔軟且風味淡雅，不論是煎、煮、炒、炸，樣樣都好吃。

海藻

日本沿海蘊藏豐富的海藻，也是海藻食用量最大的國家。海藻富含礦物質、維生素及蛋白質，通常以新鮮或乾燥的方式販售：

- 海苔（nori）（のり）：是最常被食用的海藻，也是壽司卷的材料。食用海苔時，得注意別受潮！
- 海帶芽（wakamé）（わかめ）：是味噌湯和沙拉料理的主要材料。以乾燥的形式販售，烹調前必須先泡水。
- 昆布（kombu）（コンブ）：是一種用來熬煮高湯和當作醬汁基底的海帶，非常適合和魚一起烹調（紙包烘烤或燉煮），也能降低豆類和穀類的烹煮時間。一般市面都是以乾燥方式販售，呈片或棒狀，烹調前必須先泡水。
- 洋菜（agaragar）（寒天）：是一種來自紅褐藻的天然凝膠物。可以取代吉利丁且比較健康。使用時，須先放入滾水數秒鐘後才會結成膠狀。

高湯

高湯是日本料理的基礎味道，亦稱為出汁；用來做成湯品的基底或燉菜的醬汁。準備過程簡單，可以用鰹魚、昆布或乾燥香菇熬煮而成。也有現成的市售高湯粉。

麻油

香氣濃郁的麻油是由炒過的芝麻提煉而成。可用來做沙拉的佐料，或於炒菜、醃肉時加入以增加香氣。

味醂

由甜糯米加上麴釀成的味醂，是種類似米酒的調味料，僅限烹調使用。富含甘甜味，常被用來做醬汁或燉菜的調味料。也可以用米酒加砂糖，或是用龍舌蘭糖漿替代。

清酒

俗稱日本酒的清酒，是未經蒸餾的釀造酒，以米、麴、水為主原料，經過發酵、過濾而成。一直以來都是日本飲食文化中的要角，有直接飲用與烹飪用之分別。由於烹飪不需使用到高級的米酒，所以手邊正好沒有清酒的話，可以改用味醂（但是煮出來的菜會比較甜一點）。

常見麵食

麵食，泛指以小麥粉、食用澱粉製成的食物。依照製法和原料成分，有蕎麥麵、拉麵、烏龍麵、春雨、餃子等。可烹調成湯麵、涼拌細麵，或是鍋炒烏龍等美味料理。

蕎麥麵

蕎麥麵所使用的蕎麥含有盧丁，可舒緩心血管疾病。烹飪方式很簡單，可佐以柴魚醬油做成涼麵或搭配熱湯一起食用。

拉麵

這種源自於中國，以小麥粉製成的麵條是在二十世紀初期傳進日本，搭配醬油、豚骨或味噌口味的熱湯一起食用。

烏龍麵

與蕎麥麵、拉麵同為日本食用率最高的三大麵類。烏龍麵呈白色，以小麥粉、鹽和水製成，麵身的粗細則隨區域性不同。市售分別有乾燥或新鮮（真空包裝）類型，適合加入熱湯和配菜一起食用，或做成冷麵。

春雨

在台灣又稱為冬粉，大多為綠豆或日本太白粉製成。以乾燥形式販售，可做成沙拉、拌炒或當作砂鍋料理的材料。

日式細麵

這種白色細麵以小麥粉製成，通常是在夏天時冰鎮後佐以柴魚醬油食用。

日式炒麵

炒麵用的麵條源自於中國，以小麥粉製成。一般是加入青菜和肉拌炒後，再淋上濃而甜的日式炒麵醬食用。

日式煎餃和春捲

主要是用小麥粉做成薄麵皮，再放入餡料包成餃子、春捲等。注意：日式春捲用的是小麥粉製成的薄麵皮，捲上餡料，經油炸的食品。而越南春捲則是用稻米磨漿製成的米皮包裹餡料，可生食或油炸。

蕎麥麵

綠茶蕎麥麵

新鮮烏龍麵

乾燥烏龍麵

新鮮拉麵

乾燥拉麵

日式細麵

中華油麵

春雨

冬粉

河粉

米粉

餃子皮

春捲皮

雲吞皮

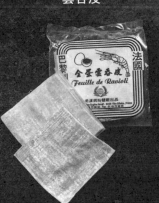

米製餅皮

魚類及海鮮

日本是海島型國家，魚類和海鮮不僅是日本人最親近的食材，更孕育出享譽世界的獨特飲食文化。如日本料理的代表——生魚片，便是其中之一。

鮪魚

肉質佳，適合用來做成壽司或生魚片。特別是日本稱之為本鮪的黑鮪魚，其佈滿油花的上腹部肉，入口即化，更是生魚片中的極品，深受老饕喜愛。只是黑鮪魚正面臨瀕臨絕種的危險，在此建議您們可以改用黃鰭鮪。

鯛魚

肉質細嫩鮮甜，非常受日本人歡迎。但魚肉容易變質，須特別注意其新鮮度！

鰹魚

與鮪魚同屬於鯖科的深海魚，是製作柴魚的上選魚種。在日本，秋天是屬於鰹魚的季節，台灣則是夏天。價格十分便宜，鮮美的肉質可以生吃或做成炙燒生魚片。

竹筴魚

又稱「真鰺」，台灣俗稱「巴攏魚」，由於價格親民，油脂豐厚、味道鮮美，是極受人們喜愛的家常魚。居酒屋常見到的

「一夜干」，多半以它曬乾製成。鮮度夠的竹筴魚，還可做成生魚片、握壽司，或者是鹽烤、紅燒、煮湯等。

花枝

花枝是一種低脂、高蛋白又富含營養價值的海鮮，其肌肉纖維薄，肉質緊密又細緻。生食的話，彈牙而不硬，甘甜而鮮美的滋味，保證讓您讚不絕口。

章魚

章魚含有豐富的蛋白質、礦物質等營養元素。在日本，章魚可以用來做成握壽司、生魚片或是章魚燒。台灣則是流行用清燙的方式沾五味醬享用，味道脆而鮮甜。

鮭魚

含有豐富的ω-3脂肪酸、高蛋白質與多種維生素，營養價值高。生食的話，油潤的肉質入口即化。在日本，餐桌上常有烤鮭魚這道菜，歐美則是製成煙燻鮭魚食用居多。

鮭魚	鮪魚	鱸魚	鰈魚
飛魚卵	鯛魚	海膽	竹筴魚
鯖魚	扇貝	鰹魚	章魚
花枝	沙丁魚	鮭魚卵	蝦

Basic cooking skills & preparation

基本技法與準備

想要成功做出美味日本料理的關鍵，必須先熟悉部分料理基底以及技法。好比準備生魚片須懂得魚肉的分切；煎玉子燒須曉得筷子的使用；做壽司則須準備一鍋好飯等。

若是麵食的話，則容易許多，僅須認識麵條種類和留意其烹調時間，再依照個人喜好，準備喜歡的高湯即可。

除了以上幾項基本技法外，我還會介紹幾道精緻的調味料、家常醬汁和醃醬，帶領大家做出口味更道地的日本料理。

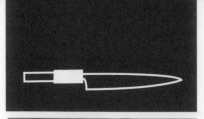

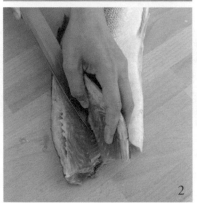

魚肉的分切

大多數日本料理的成功關鍵在於魚肉的分切，例如壽司、生魚片、鐵板燒魚排等。誠心建議選用一把精良的魚刀。

鮭魚

◎ 請魚販預先去除鮭魚的內臟及魚鱗。

1　先切除魚頭。

2　切第一塊魚片時，順著魚中骨從頭部往尾部橫切。

3　片魚的同時，注意刀鋒要盡量貼近魚骨以保持魚肉的完整度。

4　再以相同手法切除魚中骨。如此一來，第二塊魚片就切好了。

在日本，成為壽司師傅前，必須先到壽司店當學徒，跟著師傅學習做壽司的技術，之後再由師傅來評定該學徒是否可以自立門戶。因此，傳統的壽司師傅通常須經過10年的苦練才能出師。如今，您不須跋山涉水，也不須花費太多時間，即能在此習得幾個關於片魚的技巧！

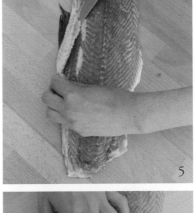

5　用刀子切除靠近魚皮處所有灰色以及較硬的白色部位。

6　用兩隻手指按壓住魚肉的同時，以鑷子夾除魚刺。

7　用刀鋒去除魚片上的魚皮。

8　接著依照您的料理需求，將魚肉切成合適的大小。比如，生魚片、手卷、散壽司……

小提示

魚中骨上總會殘留一些魚肉，切除後請先不要扔掉，熬製高湯或烹煮味噌湯時，可以連同魚頭及魚骨一起燉煮，增添湯頭的鮮味。

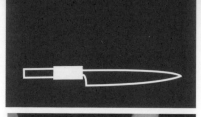

1

2

3

鯖魚

1 切開魚腹去除內臟。要注意先以拇指刮除腹部內殘留的血，再用清水沖洗乾淨。

2 切除魚頭後，以片鮭魚的手法來片第一塊魚片。接著將魚翻過來，再切取第二塊。

3 去掉魚背邊較硬及含有魚刺的部位。

4 用刀鋒分開魚皮與魚肉，再用手拉除魚皮。最後依照料理所需，將魚肉切成大小合適的魚片。

鯖魚，又名青花魚、花飛，富含油脂，不僅含有高量ω-3脂肪酸，價格也十分親民。由於魚身容易腐壞，所以甚少生食，以先醃製後食用的料理方式居多。和沙丁魚一樣，常被製成魚罐頭。

4

小提示

挑選鯖魚時，體型越渾圓飽滿的越好。表示油脂度高，烹調後也就越鮮嫩多汁。此外，肥美一點的，也較容易去除魚刺。

如果非立即食用，可以先用醋醃置，以延長存放時間。

沙丁魚

1 擰掉沙丁魚的頭，並用食指撐開腹部，去除內臟。

2 用手指將魚腹拉開至尾部。

3 從最靠近魚尾的部位挑起魚中骨，再順勢拉除整條魚骨頭。

4 從中間對切魚身以取得2片魚肉，再用手或刀背（不是刀鋒那面）去除魚皮。

沙丁魚同靖魚，也是種營養價值高、富含油脂的魚，具有保護心血管疾病的功效。

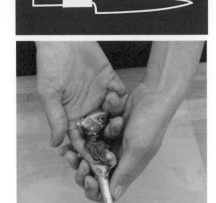

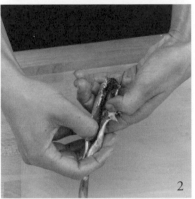

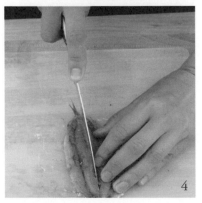

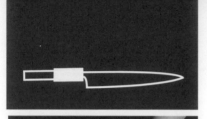

雞肉的分切

雞肉是日本料理中經常出現的食材，比如唐揚雞塊、親子丼、雞肉串燒等。本書的後半部，將會介紹各式串燒料理的作法，在此就先從雞肉的分切開始談起。

雞腿與雞胸肉的分切

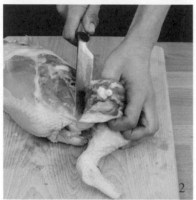

1 先將雞身側放，開始切取雞腿：將刀子置於雞腿與雞身中間，向下剖開。

2 切至雞骨時，將雞腿往外推，以利於折斷骨頭。最後再完全切開雞身，取下雞腿。

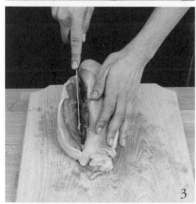

3 切取雞胸部位時，先將雞身擺正，沿著雞背骨，由頭部向尾部用刀剖開。之後刀鋒貼著雞胸骨，將整塊雞胸肉切下來。

4 重複以上步驟，取下第2隻雞腿和雞胸肉。剩下的雞架可以用來熬煮雞高湯。

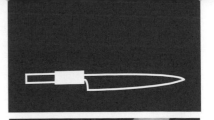

焼き鳥（Yakitori）意指「烤雞肉」，也是我們常說的日式串燒。它是一種用竹籤串起食材，再放到炭火中燒烤，過程中加入鹽巴或醬汁增添風味的料理。主要食材為雞肉和雞內臟。此外，由於雞腿的肉質比雞胸肉來得軟嫩而不乾澀，所以是整隻雞裡面最適合用來做燒烤的部位。

雞腿去骨

1　從雞腿上端開始去骨。

2　切開雞腿肉與骨頭關節的部分。

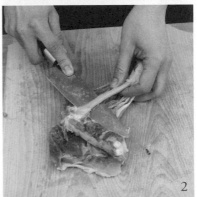

3　切斷尾端以利骨頭完全與肉分離。

4　雞皮在炭火上燒烤或於鐵板煎製過程中，可以保護雞肉鮮嫩多汁，所以須事先予以保留。剩下的骨頭可以用來煮味噌湯或是熬成雞高湯。

小提示

想節省料理時間的話，可以先請肉販將雞腿去骨。若需自行處理的話，這些技巧也不會太難，很快就能學會！

白飯

材料可做成 750g，即 4 大碗白飯。

白米450g
水600ml

準備	5分鐘
烹調	12分鐘
靜置	10分鐘

在亞洲國家，米飯的重要性相當於小麥麵包之於歐美國家。日本米外型圓潤飽滿，澱粉含量高，所以黏性較強。亦可選用台梗九號的台灣米，其獨特香Q的口感最接近日本米，也非常適合用來做壽司飯。在此將教您如何使用電子鍋煮出粒粒分明、軟而不爛且略為彈牙的白飯。

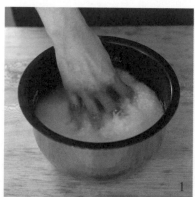

1　第一道洗米最為重要，快速攪拌後須立即倒掉水，接著再繼續淘洗。只要水一變濁就倒掉，反覆數次，直到水呈清澈狀才算完成。
2　將米瀝乾後倒入內鍋，加入水。
3　蓋上鍋蓋選擇含有浸泡功能的「一般煮飯」進行烹煮。
4　煮熟後不掀蓋，先靜置約10分鐘，利用鍋內餘溫，讓米心悶熟、悶透。
5　掀開鍋蓋，輕輕翻鬆飯粒，香Q美味的白飯就完成了。

紅米飯的烹調（可做成750g的飯）

將400g白圓米與50g黑米混合，淘洗數次直到水呈清澈狀。瀝乾後放入內鍋，加入600ml的水。烹煮方式同上。

胚芽飯的烹調（可做成800g的米飯）

將450g胚芽米淘洗數次直到水呈清澈狀。瀝乾後放入內鍋，加入800ml的水。烹煮方式同上。

壽司醋飯

材料可做成750g，即4大碗醋飯

白飯4大碗
米醋5湯匙
砂糖3湯匙
鹽1茶匙

| 準備 | 5分鐘 |
| 烹調 | 2分鐘 |

◎ 將糖和鹽放進鍋子，加入醋煮至融化，但切勿加熱至沸騰。

1 將熱騰騰的白飯倒入壽司木桶，用飯勺平均分塊。

2 調味過的醋汁，慢慢地淋入白飯中。

3 用飯勺輕輕拌勻以免壓碎飯粒，同時用扇子將飯搧涼。

4 取一條濕布蓋住醋飯，放置於陰涼處。直到端上桌前才拿掉，以免醋飯乾掉。

壽司的美味關鍵在於醋飯，也唯有加入醋汁的白飯才能提升魚肉的鮮味，並帶出壽司特有的美味。要特別留意的是須在白飯尚熱的時候，加入醋汁攪拌均勻，白飯才能完全入味。醋飯以溫熱食用為佳，攪拌時，最好使用木勺和木製的盛具，並用扇子搧涼，幫助醋飯快速降溫。

小提示

市面上售有已經調味好的壽司醋（瓶裝或粉狀），直接加入白飯中輕柔地拌均即可。亦可用覆盆子醋或蘋果醋取代白米醋，還能增添一絲果香。

蛋皮

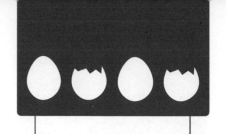

| 準備 | 2分鐘 |
| 烹調 | 12分鐘 |

材料可做成 750g，即 4 大碗醋飯

雞蛋4顆
味醂1湯匙
鹽少許
烹飪用植物油些許

◎ 蛋皮是日本料理的基礎菜色，用途非常廣泛：整面使用能用來包壽司或飯糰，切成絲則可點綴麵食、散壽司、沙拉或手鞠壽司。

1 準備蛋液：先將蛋打入碗裡，加入味醂和鹽拌勻。將油倒入不沾鍋中加熱，舀入少量蛋液，均勻地分佈於鍋底，煎1至2分鐘，待蛋皮外緣微微掀起，即可翻面。——須留意不要煎到上色。

2 蛋皮翻面後，只需再煎數秒即可起鍋。欲做成蛋皮絲，先將蛋皮置於砧板上。

3 捲起後切成細絲，即完成。

小提示
須留意蛋液的用量和爐火的大小，且每次都重新倒入一些油，才能煎出柔嫩而不失彈性的薄蛋皮。

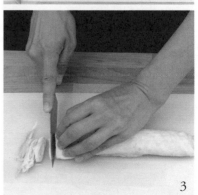

麵條

熱食(請參照左方步驟圖)

1 先將大量的水倒入鍋中煮至沸騰。

2 將麵條放入滾水中，而後用筷子或鍋鏟迅速地攪散麵條。

3 接著開中火，依包裝指示的時間烹煮。

4 煮熟後撈起瀝乾。

涼拌(請參照右方步驟圖)

烹煮方式同上。如果是綑綁起來的麵條，先鬆開再放入滾水中。煮熟後撈起的麵條，用冷水沖涼、瀝乾，可以避免麵條黏結成一團以及繼續熟化。

烹調時間、每人份量和食用方式

以下是各種麵類的烹調時間以及每人份量的摘要。烹調時間會依麵條種類而不同，建議以包裝指示為準。

蕎麥麵

烹調時間：4至8分鐘

每人份量：80至90g

食用方式：冷食（冷麵沙拉、醬拌涼麵）或熱食（湯麵或炒麵）。

拉麵

烹調時間：2至3分鐘

每人份量：新鮮：150g / 乾燥：100g

食用方式：主要是做成湯麵，但也能做成炒麵或冷麵沙

拉等。

烏龍麵

烹調時間：新鮮：3分鐘 / 乾燥：4至5分鐘

每人份量：新鮮：200g / 乾燥：100g

食用方式：冷食（冷麵沙拉、醬拌涼麵）或熱食（湯麵、炒麵或鍋物）。

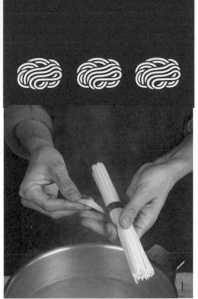

日式細麵

烹調時間：2分鐘

每人份量：100g

食用方式：主要為冷食（冷麵沙拉、醬拌涼麵），但也能做成熱食（湯麵、炒麵）。

日式炒麵

烹調時間：滾水中1分鐘，鍋炒約2分鐘。

每人份量：150g

食用方式：主要做成炒麵。

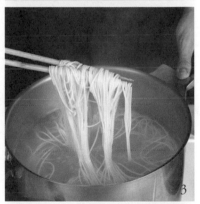

冬粉

烹調時間：5至8分鐘

每人份量：25g

食用方式：冷食（冷麵沙拉）或熱食（湯麵、鍋物、炒麵）。

米粉

烹調時間：於熱水中浸泡15分鐘，然後放入鍋中翻炒或於高湯中烹煮2分鐘。

每人份量：約80g

食用方式：冷食（冷麵沙拉）或熱食（湯麵、炒麵）。

材料可做成 1500ml 高湯

風乾鰹魚片1小把
乾燥昆布1片
水1500ml

鰹魚高湯

準備	2分鐘
靜置	10分鐘
烹調	3分鐘

鰹魚高湯所選用的是經過煮熟、風乾後刨成薄片的鰹魚片。它是熬煮高湯的主要食材，但也能當作蔬菜或白飯的調味料。市面上售有即溶的鰹魚高湯粉。

1　將水倒入鍋中，放入鰹魚片和昆布，開小火加熱。

2　待沸騰後馬上離火。於室溫中繼續浸泡10分鐘。

3　將高湯過篩，瀝出清澈的湯汁。

乾香菇版

用2朵乾香菇取代鰹魚片。乾香菇須先經過加水浸泡並擠乾水份後，方能使用。之後依照上面的作法來熬製高湯。

高湯是日本料理的基礎味道，常被用於味增湯、拉麵、烏龍麵的湯底，或是燉煮蔬菜、魚或肉類料理的醬汁。日本將高湯稱為「出汁」。本書介紹的作法為第一次出汁，也是最甘醇的，通常作為清湯的湯底。可以將使用過的鰹魚片、香菇或昆布再重新熬煮，做成第二次出汁，通常用於燉煮料理。亦可將熬煮高湯的材料切碎，當作配菜使用，加入青菜或白飯一起拌炒。

雞骨高湯

材料可做成 1500ml 高湯

雞骨或雞翅300g
韭蔥1/2根切成蔥花
紅蘿蔔1/2條去皮切片
大蒜1顆
生薑1塊
乾燥昆布1片
麻油1/2湯匙
水2000ml

準備	2分鐘
烹調	30分鐘

雞骨高湯是鰹魚高湯的替代選擇；適用於濃郁湯頭或搭配肉類料理烹調，例如拉麵。

1　生薑去皮後切成碎末，大蒜拍扁去皮後切成碎末。

2　將麻油和雞骨倒入鍋中，開大火炒至上色。

3　加入蔥花、紅蘿蔔片、蒜末和薑末拌炒。

4　香味出來後，加入水和昆布片。

5　待沸騰後繼續熬煮30分鐘。

6　將高湯過篩，瀝出清澈的湯汁。

豆漿版本

用豆漿取代水，作法同雞骨高湯。

小提示

如果有浮沫的話，請記得撈除。因為浮沫會產生酸味。

拉麵高湯

材料可做成 1500ml 高湯

豬骨400g
韭蔥1/2根切成蔥花
乾燥昆布1片
薑末1湯匙
醬油2湯匙
味醂2湯匙
油1/2湯匙
水2000ml
鹽少許
現磨黑胡椒

準備	5分鐘
烹調	30分鐘

拉麵要好吃必須搭配上美味的高湯湯底。雖然市售的快煮拉麵都附有即溶湯包，但是親自熬煮的高湯更為鮮美。

1　將麻油倒入炒鍋，放入豬骨，開大火炒至上色。

2　放入蔥花、薑末、鹽和黑胡椒拌炒。

3　香味出來後，便加入醬油、味醂、昆布和水。

4　煮至沸騰後轉小火繼續熬煮30分鐘。如果有浮沫出現便撈除。

5　將高湯過篩，瀝出清澈的湯汁。

蔬菜版

以2條去皮切片的紅蘿蔔及2朵乾燥香菇取代豬骨，作法同上。

雞湯版

1　按照雞骨高湯的作法。於放入昆布的同時，加入3湯匙醬油及2湯匙味醂。

2　待煮至沸騰後轉小火，繼續熬煮30分鐘。

3　置於室溫中，待其冷卻後過篩，瀝出清澈的湯汁。

拉麵高湯

雞骨高湯

醃漬香菇昆布

芝麻鹽

醃漬薑片

 調味料

香鬆

芝麻鹽

材料可做成100g的芝麻鹽

芝麻90g

鹽10g

1　熱鍋後，放入芝麻以大火乾炒3到4分鐘。過程中須不停翻動。

2　待芝麻呈金黃色後倒入研磨缽中，與鹽一起用研杵磨碎，即可食用。

〔適合撒在白飯或沙拉上〕

香鬆

材料可做成100g的香鬆

芝麻鹽60g
海苔或海帶芽40g

將芝麻鹽和海苔倒入碗中混合均勻，即可食用。

〔適合撒在白飯上〕

醃漬薑片

材料可做成1罐

新鮮嫩薑200g
生甜菜1片（用來將薑染成粉紅色，可省略）
米醋200ml
水200ml
鹽1湯匙
砂糖4湯匙

1　薑去皮後切成細片，放入濾水盆中，撒上鹽混勻，醃製30分鐘。

2　將砂糖放進鍋中，加入水和米醋，開小火加熱。待砂糖完全溶解後離火。

3　將煮好的薑片放入罐中，加入甜菜以及調味過的醋。放入冰箱冷藏1晚，隔天即可食用。

〔適合搭配壽司、手卷或散壽司〕

醃漬香菇昆布

材料可做成1小罐

乾燥香菇4朵
乾燥昆布4片
醬油4湯匙
味醂4湯匙
清酒4湯匙

1　將香菇與昆布分別放入2個碗內，加水浸泡30分鐘後取出，擠乾水份。將浸泡的水過篩。

2　昆布切成邊長約3cm的塊狀，香菇則切成薄片，連同醬油、味醂、清酒一起放入鍋中。

3　舀起100ml方才浸泡的水，倒入鍋中加熱。待沸騰後轉小火，煮至湯汁收乾。將昆布和香菇裝進保鮮罐中。置於冰箱冷藏，可保存約3星期。

〔適合佐以白飯或湯麵食用〕

辣蘿蔔泥

材料可做成150ml

白蘿蔔1/2條
紅辣椒3條

1　白蘿蔔去皮後磨成泥。辣椒對切去籽後也磨成泥。
2　將兩者倒入碗中混合均勻後裝入瓶中。置於冰箱冷藏，可保存2天。

> 適合搭配烤魚和烤肉食用

七味唐辛子

材料可做成1小瓶

花椒粒1湯匙
艾斯培雷特辣椒粉1湯匙
海苔細片1茶匙
黑芝麻1茶匙
白芝麻1茶匙
罌粟籽1茶匙
薑粉1茶匙
橙皮或檸檬皮1湯匙

將黑、白芝麻倒入研磨缽中磨碎，再和其它材料混勻後裝入瓶中。置於陰涼處，可存放數個月之久。

> 適合當作烤魚、肉、蔬菜或炒麵的調味料，增添微辣風味。

芝麻山葵粉

材料可做120g

芝麻100g
青海苔4湯匙
山葵粉2湯匙
鹽10g

1　熱鍋後，放入芝麻，以大火乾炒3到4分鐘。過程中須不停翻動。
2　將芝麻、山葵粉、青海苔、鹽倒入研磨缽後搗碎，裝入瓶中。置於陰涼處，可以存放數個月之久。

> 適合搭配烤蔬菜食用

山葵奶油、辣味奶油、味噌奶油

材料可做成1小罐

室溫鹽味奶油300g
山葵粉4茶匙
紅味噌1½湯匙
唐辛子2湯匙

1　將100g的奶油與山葵粉倒入碗中，用叉子壓勻。
2　將調味過的奶油倒在保鮮膜上，捲成柱狀後封緊兩端。
3　以同樣作法可做出味噌與唐辛子口味的奶油。食用前，請先放進冰箱冷藏30分鐘以上。

> 適合搭配烤肉與烤蔬菜食用

辣蘿蔔泥

芝麻山葵粉

七味唐辛子

山葵奶油、辣味奶油及
味噌奶油

家常醬汁與醃醬

日式串燒醬

薑燒醬

照燒醬

辣味大蒜醃醬

芝麻醃醬

芝麻醬

日式炒麵醬

和風醋醬

薑燒醬

材料可做成250ml醬汁

新鮮薑泥2湯匙
醬油8湯匙
橄欖油2湯匙
米醋2湯匙
砂糖3湯匙

1 將所有材料倒入碗中混合均勻。
2 將醬汁裝入瓶中。置於冰箱冷藏，可保存2星期。

適合當做肉與蔬菜的醃醬

照燒醬

材料可做成300ml醬汁

醬油200ml
味醂150ml
砂糖4湯匙

1 將所有材料倒入鍋中加熱，待沸騰後轉小火再續煮5分鐘，偶爾攪拌一下。
2 將醬汁裝入瓶中。置於冰箱冷藏，可保存2星期。

適合當做魚、雞肉或蔬菜的醃醬。

日式串燒醬

材料可做成200ml醬汁

雞湯粉1/2茶匙（或高湯塊1/2塊）
醬油150ml
清酒120ml
味醂5湯匙
砂糖3湯匙

1 將所有材料倒入鍋中加熱，待沸騰後攪拌至糖和高湯粉完全溶解，再以小火繼續煮約15分鐘，至醬汁呈濃稠狀。
2 將醬汁裝入瓶中。置於冰箱冷藏，可保存1星期。

欲製作適合烹調蔬菜的日式串燒醬汁，請參照第216頁。

辣味大蒜醃醬

材料可做成200ml醬汁

大蒜2顆磨成泥
細蔥1根切成蔥花
梨子½顆打成果泥
醬油6湯匙
豆瓣醬1湯匙（或辣椒泥1/2湯匙）
麻油1½湯匙
砂糖2湯匙

1 所有材料倒入碗中混合均勻。
2 將醬汁裝入瓶中。置於冰箱冷藏，可保存2星期。

適合當做肉類以及蔬菜的醃醬

芝麻醃醬

材料可做成240ml醬汁

芝麻鹽2湯匙
醬油8湯匙
麻油2湯匙
砂糖4湯匙

1　將所有材料倒入碗中混合均勻。
2　將醬汁裝入瓶中。置於冰箱冷藏,可保存2星期。

適合當做肉類或蔬菜的醃醬

日式炒麵醬

材料可做成120ml醬汁

番茄醬3湯匙
醬油3湯匙
蠔油3湯匙
伍斯特醬3湯匙

1　將所有材料倒入鍋中,開中火加熱。待醬汁沸騰後立即關火,使之冷卻。
2　將醬汁裝入瓶中。置於冰箱冷藏,可保存2星期。

適合當做日式炒麵或其他炒麵的拌醬

芝麻醬

材料可做成250ml醬汁

大蒜1/2顆磨成泥
芝麻醬120g
鰹魚高湯120ml
醬油4湯匙

1　將芝麻醬倒入碗中。先舀入1/4的高湯稀釋,再加入剩餘高湯攪拌均勻。
2　倒入大蒜泥和醬油,此時醬汁會變得濃稠。最後將醬汁裝入瓶中。置於冰箱冷藏,可保存2星期。

適合搭配烤肉、烤蔬菜,或鐵板燒使用。

和風醋醬

材料可做成250ml醬汁

香菇1朵
乾燥昆布1片
薄鹽醬油120ml
味醂4 湯匙
酢橘汁4湯匙
檸檬汁4湯匙

1　先將香菇與昆布裝進瓶中,再倒入醬油,然後蓋上瓶蓋。置於冰箱冷藏1晚。
2　隔天將醬汁過篩後倒入碗中,再加入其他材料混合均勻,最後將醬汁裝入瓶中。置於冰箱冷藏,可保存2星期。

適合搭配烤魚、烤蔬菜,或鐵板燒使用。

檸檬味噌醬

材料可做成5湯匙醬汁

白味噌3湯匙
檸檬汁2湯匙
無農藥殘留檸檬1顆外皮

1　將所有材料倒入碗中混合均勻。
2　將醬汁裝入瓶中。置冰箱冷藏，可保存1星期。

適合搭配魚或蔬菜使用。

甜醬油

材料可做成200ml醬汁

醬油120ml
味醂3湯匙
砂糖80g

1　將所有材料倒入鍋中加熱，待沸騰後轉小火繼續煮3分鐘，使醬汁稍微收乾。當中不時攪拌。
2　醬汁裝瓶後，置於冰箱冷藏，可保存1個月。

適合搭配壽司使用。（可取代傳統醬油）

柴魚醬油

材料可做成300ml醬汁

醬油6湯匙
鰹魚片1小把
味醂6湯匙
水150ml

1　將所有材料倒入鍋中，加入醬油充分拌勻後開中火加熱。待沸騰後關火使其冷卻。
2　將醬汁過篩，裝入瓶中。此醬汁置於冰箱冷藏，可保存2星期。

適合搭配天婦羅或涼麵使用

山葵美乃滋

材料可做成120ml美乃滋

有機雞蛋黃1顆
山葵粉3茶匙
芥末1/2湯匙
葵花油100ml
米醋1茶匙
鹽少許

1　將蛋黃與芥末、山葵粉、鹽倒入碗中充分拌勻。
2　慢慢地倒入葵花油，攪拌至均勻。置於冰箱冷藏，可保存2天。

適合搭配壽司及手卷使用。（可取代傳統醬油）

檸檬味噌醬

柴魚醬油

甜醬油

山葵美乃滋

Izakaya food

居酒屋料理

居酒屋起源於江戶時代，原本只是賣酒的地方，後來演變成可以坐下來喝酒的飲食店，是深具日本特色的餐館，又稱為「紅燈籠」、「繩門簾」。因為提供的菜色相當豐富，比如生菜沙拉、生魚片、炸物、烤魚、串燒、創作料理、甜點等，所以很適合大家聚會，邊聊天邊吃飯。若不想喝酒，也可以點用不含酒精的飲料。

蔬菜天婦羅

四季豆80g
紅蘿蔔2條
白蘿蔔1/4條磨成泥
油炸用油

天婦羅麵衣
蛋黃1顆
低筋麵粉過篩100g
發粉1/2茶匙
冰水200ml

沾醬
鰹魚高湯150ml
味醂5湯匙
醬油5湯匙
砂糖1湯匙

準備	10分鐘
烹調	10分鐘

天婦羅原本是一道葡萄牙料理,於16世紀由傳教士引進日本,如今成了日本經典料理之一。天婦羅料理可搭配白飯、麵食,佐以鰹魚高湯和醬油調製而成的醬汁享用或是做成便當菜。最常使用的材料有蝦子、魚、香菇、地瓜和南瓜等。

◎ 沾醬:將所有材料倒入鍋中,舀入鰹魚高湯後煮至湯汁收乾剩下一半。

◎ 天婦羅麵衣:將所有材料倒入碗中,均勻混合。

小提示

コツ

天婦羅要炸到酥而不油,炸衣就要薄。這個秘訣在於利用麵衣的冰涼度(必須先冷藏或冰鎮)和油溫間的高熱反差所形成的熱衝擊。

1 紅蘿蔔去皮後切成條狀。四季豆撕去老筋，摘去兩頭後切成2到3段。將紅蘿蔔條和四季豆倒入盛有天婦羅麵衣糊的碗中。

2 沾上薄薄一層的天婦羅麵衣。

3 起油鍋，待油溫達到170°C時，依序放入裹上炸衣的蔬菜。

4 炸到稍微上色便起鍋，放在廚房紙巾上，吸乾多餘油份。

5 將炸物和白蘿蔔泥一起盛盤。

6 將天婦羅醬汁倒入碗中，加入少許白蘿蔔泥，即完成。

小提示
欲知炸油的溫度是否適中：將木筷稍微浸入油中測試，如果周圍有小泡泡產生，表示溫度已達適當溫度。

蔬菜天婦羅

日式燉茄子

材料可做成 4 人份

茄子2條
白蘿蔔泥4湯匙
辣椒粉少許
香菇高湯500ml
味醂3湯匙
醬油3湯匙
砂糖1/2湯匙
油炸用油

準備	10分鐘
浸泡	1小時
烹調	15分鐘

1 將鍋子置於小火上，倒入香菇高湯。加熱至沸騰後便關火，靜置備用。

2 茄子去頭尾，縱向切成4長條。

3 起油鍋，放入茄子油炸數分鐘至稍微上色便起鍋，放在廚房紙巾上，吸乾多餘油份。

4 將茄子放入盛有高湯的鍋中，倒入醬油、味醂以及糖，開中火燉煮約10分鐘。

5 湯汁稍微收乾後即可起鍋，並以白蘿蔔泥及辣椒粉點綴。

高湯為味噌湯的基底，也能用來做其他菜餚。

梅子豆腐

白蘿蔔薑泥豆腐

味噌小黃瓜豆腐

番茄豆腐

各式嫩豆腐

海帶芽豆腐

蟹肉豆腐

香菇豆腐

酪梨豆腐

梅子豆腐

材料可做成8人份

嫩豆腐400g
酸梅泥2茶匙
橄欖油少許

1　將豆腐瀝乾後切成8方塊，盛放於盤子
　　上。
2　於每塊豆腐放點酸梅泥，再淋上橄欖油
　　調味。

味噌小黃瓜豆腐

材料可做成8人份

嫩豆腐400g
小黃瓜1/4條
味噌1湯匙
米醋1/2湯匙

1　將豆腐瀝乾後切成8方塊，盛放於盤子
　　上。
2　小黃瓜去皮、去籽後切成丁。將味噌和
　　米醋倒入碗中混合均勻。
3　於每塊豆腐放一點黃瓜丁，再淋上醋味
　　噌調味。

可以用檸檬味噌醬來取代醋味增

白蘿蔔薑泥豆腐

材料可做成8人份

嫩豆腐400g
白蘿蔔1/4條去皮後磨成泥
薑泥1茶匙
蔥2段切成蔥花
醬油些許

1　將豆腐瀝乾後切成8方塊，盛放於盤子
　　上。
2　於每塊豆腐放些白蘿蔔泥、薑泥和蔥
　　花，再淋上醬油調味。

番茄豆腐

材料可做成8人份

嫩豆腐400g
番茄1小顆
芝麻葉8片
醬油些許
橄欖油些許

1　將豆腐瀝乾後切成8方塊，盛放於盤子
　　上。
2　番茄切成細丁。於每塊豆腐擺上芝麻
　　葉，再放上番茄丁。
3　淋上醬油及橄欖油調味。

小提示

欲保存已開封的豆腐，可以先放入
一容器中，再倒入冷水蓋過豆腐，
送進冰箱冷藏。注意要每日換水，
於冰箱可冷藏保存4日。

海帶芽豆腐

材料可做成8人份

嫩豆腐400g
乾燥海帶芽2湯匙
米醋些許
醬油些許

1 將海帶芽放入裝有冷水的碗中泡發，然
　後用手擠乾水份。
2 將豆腐瀝乾後切成8方塊，盛放於盤子
　上。
3 於每塊豆腐放些海帶芽，再淋上醬油和
　米醋調味。

香菜豆腐

材料可做成8人份

嫩豆腐400g
香菜葉8片切碎
芝麻粒1湯匙
醬油少許
麻油少許

1 將豆腐瀝乾後切成8方塊，盛放於盤子。
2 於每塊豆腐放點香菜、撒些芝麻粒，再
　淋上醬油和香油調味。

蟹肉豆腐

材料可做成8人份

嫩豆腐400g
蟹肉80g
醬油少許
山葵醬

1 將豆腐瀝乾後切成8方塊，盛放於盤子
　上。
2 於每塊豆腐放些蟹肉以及山葵醬，再淋
　上醬油調味。

酪梨豆腐

材料可做成8人份

嫩豆腐400g
酪梨1顆
檸檬汁少許
醬油少許

1 將豆腐瀝乾後切成8方塊，盛放於盤子
　上。
2 酪梨去皮、去籽後切成丁。

3 於每塊豆腐放些酪梨丁，再淋上醬油和
　檸檬汁調味。

欲增加料理甜度，可以使用甜醬油來代替
傳統醬油。

揚出豆腐

材料可做成 4 人份

嫩豆腐400g
細蔥1根切成蔥花
白蘿蔔泥4湯匙
新鮮薑泥1/2湯匙
日本太白粉4湯匙
油炸用油

醬料
鰹魚高湯200ml
味醂2湯匙
醬油2湯匙
鹽少許

準備	10分鐘
靜置	20分鐘
烹調	18分鐘

這道料理是居酒屋的代表菜。經過重壓逼出水份後的豆腐，不僅可以避免油爆，而且炸起來的口感外酥內軟。

1 先用廚房紙巾包裹豆腐，然後用兩塊板子或兩個盤子上下夾緊約20分鐘。

2 準備醬料：將鰹魚高湯、醬油、味醂和鹽倒入鍋中，置於小火上加熱約10分鐘，煮至醬汁開始變稠收乾。

3 將豆腐切成4塊，裹上太白粉。

4 起油鍋，放入豆腐，炸至漂亮的金黃色。撈起後，用廚房紙巾瀝乾油份。

5 將豆腐盛裝於碗內，舀入醬汁並放上白蘿蔔泥、蔥花和薑泥做點綴。

酥炸豆腐條

材料可做成 4 人份

板豆腐250g
日本太白粉5湯匙
大蒜1顆去皮後磨成泥
新鮮薑泥1茶匙
艾斯培雷特辣椒粉1½湯匙
芝麻5湯匙
醬油2湯匙
油炸用油
鹽少許

這道創意炸物適合當做下酒菜，搭配清涼的啤酒或清酒享用。

1　將豆腐瀝乾水份後切成條狀，放入碗中。加入薑泥、蒜泥和醬油攪拌均勻，送進冰箱醃製30分鐘。

2　準備調味粉：將太白粉、辣椒粉、芝麻和鹽混合均勻。

3　從冰箱取出豆腐條並瀝乾醃醬，放到盤子裡均勻地裹上調味粉。

4　起油鍋，放入豆腐，炸成漂亮的金黃色。撈起後用廚房紙巾瀝乾油份。

玉子燒

準備　10分鐘
烹調　10分鐘

材料可做成 4 人份

雞蛋6顆
鰹魚高湯100ml
味醂2湯匙
醬油2茶匙
沙拉油

擺盤
白蘿蔔泥4湯匙
苜蓿芽1 小把
醬油

◎ 準備蛋液：將蛋、高湯、醬油、味醂放入碗中攪拌均勻。

1 將油倒入平底鍋加熱，並且用一張沾滿油的廚房紙巾塗滿鍋面。

2 倒入調味過的蛋液。

3 將蛋液均勻地佈滿整個鍋底。

4 將蛋皮往外捲至煎鍋邊緣，形成柱狀。

5 倒入一些蛋液，並且將鍋中的蛋捲稍微抬高，使蛋液能流入蛋捲下方。

6 待蛋皮再次成形後，用第一捲蛋捲將新的蛋皮捲至對向鍋緣。

7 重複以上動作至蛋液用完為止。

8 最後開中火將蛋捲稍微煎至金黃即可。

小提示

コツ

調製蛋液時，可加入1湯匙糖，增添美味。

9 將玉子燒置於壽司竹簾。

10 用竹簾將玉子燒包起來,稍微按壓以塑成漂亮的方柱
　 狀。將玉子燒切成塊狀,與白蘿蔔泥、茼蒿芽及醬油
　 一起盛盤。

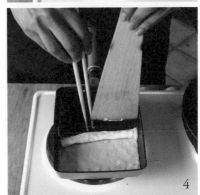

玉子燒,是一次次將薄蛋皮捲起來,以形成磚狀的雞蛋料
理。這道經典的日式料理,在居酒屋十分受歡迎。玉子燒
亦可切成片狀舖於壽司或散壽司上,或是切成條狀放入手
卷裡。

小提示
如果沒有長方形的鍋子,亦可使用
圓鍋,做出來的玉子燒會呈橢圓
形,但同樣可以切塊盛盤。

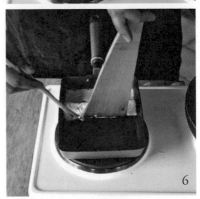

四季豆版

1 將1把四季豆撕去老筋,摘去兩頭後切成小段,放入滾水中煮5分鐘。

2 將1小條紅蘿蔔去皮後切成絲。

3 四季豆瀝乾後,與紅蘿蔔絲及蛋液、高湯、醬油、味醂一起放入碗中,混合均勻。

4 接著請參照第76至77頁的步驟,以完成四季豆版玉子燒。

鮪魚青豆版

1 自豆莢取出300g豆子後,放入滾水中煮5分鐘。

2 青豆瀝乾後,與50g鮪魚的碎片、蛋液、高湯、醬油、味醂混合均勻。

3 接著請參照第76至77頁的步驟,以完成鮪魚青豆版玉子燒。

菠菜版

1 將1大把菠菜放入平底鍋,開中火炒熟。

2 請參照第76頁的步驟1、2、3、4,先做好第1片蛋皮。然後將菠菜擺放於蛋皮上,排成一直線,再用蛋皮將菠菜捲起來,捲至對向鍋緣。

3 接著請參照第76至77頁的步驟5、6、7,即可完成菠菜版玉子燒。

唐揚炸雞

材料可做成 4 人份

去骨雞腿肉2隻
檸檬1/2顆切成4等分
大蒜2顆
日本太白粉1盤
新鮮薑泥1湯匙
清酒1湯匙
醬油4湯匙
油炸用油
現磨胡椒
鹽

準備	10分鐘
醃製	30分鐘
烹調	10分鐘

1　將雞肉切成塊狀。大蒜去皮後壓扁。

2　將雞肉放入碗中，與大蒜、薑泥、醬油、清酒及些許胡椒混合均勻。放入冰箱醃製30分鐘。

3　從冰箱取出雞肉，瀝乾醃醬後放入裝有太白粉的盤子中均勻裹粉。將油倒入鍋中加熱，放入雞肉塊，炸約5分鐘至表面呈漂亮的金黃色。炸好的雞肉倒在廚房紙巾上，瀝乾油份。剩餘的雞肉分幾次炸完。

4　搭配檸檬一起盛盤，趁熱品嚐。

香酥多汁的唐揚炸雞，不僅是大人小孩都愛的一道料理，更是居酒屋或是日式餐館裡的必點美食。可以當下酒菜，也可以當作主菜，搭配白飯享用。

小提示
雞肉也可以替換成豆腐或魷魚。

香菇鑲肉

準備　10分鐘
烹調　13分鐘

材料可做成 4 人份

新鮮香菇8朵
雞胸肉125g
青蔥1根
薑泥1湯匙
檸檬1/2顆榨成汁
清酒1湯匙
醬油1湯匙
橄欖油2湯匙

1　先將烤箱預熱至180°C。

2　將雞胸肉切塊，青蔥切成蔥花，與醬油、清酒、檸檬汁、1湯匙橄欖油和薑泥混合均勻，靜置備用。可預留一些蔥花，當作擺盤裝飾用。

3　將8朵香菇清洗乾淨後去蒂，填入方才調味過的雞胸肉，再刷上些許橄欖油。

3　將香菇鑲肉放上烤盤，送進烤箱烤約12分鐘，然後轉上火加熱1分鐘。

4　取出後即可盛盤。享用前可以撒上些許蔥花，以增添香氣。

小提示
若使用去骨雞腿肉代替雞胸肉的
話，內餡口感將更為軟嫩。

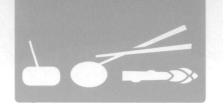

可樂餅

材料可做成 4 人份

牛絞肉200g
高麗菜1/2顆切成細絲
馬鈴薯6顆
小洋蔥1顆
雞蛋2個
日本太白粉
日式麵包粉
日式炸豬排醬或番茄醬
花生油
現磨胡椒
鹽

準備	20分鐘
烹調	35分鐘

可樂餅的日文發音為Korokke，是用馬鈴薯及牛絞肉做成的一道炸物料理。後來延伸出多種口味，比如咖哩、海鮮、起司等。

1 將馬鈴薯放入加了鹽的滾水中煮約20分鐘。用刀尖確認煮熟後撈起去皮，放入碗中。用叉子壓成馬鈴薯泥。

2 將兩顆雞蛋的蛋白與蛋黃分開放置。

3 洋蔥去皮後切碎。倒入少許油於鍋中，放入洋蔥拌炒至呈現半透明狀，再加入牛絞肉及鹽。轉大火拌炒4到5分鐘，最後加入馬鈴薯泥。

4 炒鍋離火，加入蛋黃後攪拌均勻。撒上鹽、胡椒調味，捏成6個馬鈴薯肉餅。

5 先將蛋白於碗中稍作打發，太白粉和麵包粉則分別倒在兩個淺碟中，接著將每個馬鈴薯肉餅依序裹上太白粉、蛋白、麵包粉。

6 起油鍋，放入馬鈴薯肉餅，炸約5分鐘至表面呈金黃色，可樂餅就完成了。撈起後，用廚房紙巾瀝乾油份。

7 將炸好的可樂餅擺盤，並舖上高麗菜絲。沾上豬排醬，即可享用。

Soup & salad

湯品與沙拉

若說味增湯是日本料理的靈魂代表之一，一點也不為過！因為在傳統的日本料理中，餐餐都會有道加入味增的湯品。味增的種類和湯裡的材料，依地區、家庭的不同，有非常多種變化。最常見的有豆腐味增湯、味增蜆湯或者是富含油脂的五花豬肉片加上多種蔬菜烹煮而成的豚汁味增湯等。

在日本餐桌上，前菜內容有酢物、漬物、沙拉等。常見的沙拉菜色，莫過於海帶芽小黃瓜沙拉了！清涼爽口又開胃，本章節也有介紹哦！

材料可做成 4 人份

鰹魚高湯1200ml
紅味噌4湯匙
嫩豆腐100g
青蔥1根
新鮮香菇4朵
醬油2湯匙
乾燥海帶芽1湯匙
芝麻2湯匙

味噌湯

準備	5分鐘
烹調	5分鐘

暖胃又暖心，是日本人不可或缺的精神湯品。也是最適合搭配壽司享用的湯品。

1　將蔥洗淨，切成蔥花。香菇去蒂，切成薄片。瀝乾豆腐水份，切成小塊。

2　將蔥花、香菇和豆腐放進鍋中，加入高湯和醬油後開小火煮5分鐘，再加入海帶芽。

3　從鍋中舀起1湯勺的高湯，用來稀釋味噌，之後再連同味增一起倒回鍋內。加熱至沸騰——不要沸騰過久，否則味噌的味道會變，而且營養價值也會降低。

4　將味噌湯平均分成4碗。撒上芝麻後趁熱享用。

白味噌白蘿蔔版

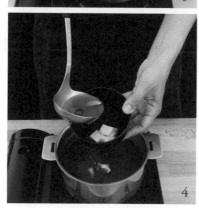

1　將300g的白蘿蔔切成細絲，放入鍋中。倒入1200ml的鰹魚高湯，撒上一小撮鹽。

2　加熱至沸騰後，將火轉小再烹煮20分鐘，直到白蘿蔔軟化。

3　舀起1湯勺的高湯稀釋味噌，然後倒回鍋中攪拌均勻。

4　將味噌湯平分成4碗。最後加上一葉香芹做裝飾。

酪梨水果沙拉

材料可做成 4 人份

梨子2顆
酪梨2顆
生甜菜4片
青檸皮細末些許
和風醋醬100ml

`準備` 10分鐘
`無須烹煮`

1 梨子去皮、去籽後切成丁。

2 酪梨去皮後挖掉籽,同樣切成丁。

3 將梨子和酪梨丁放入沙拉容器中。

4 將和風醋醬倒入沙拉容器後攪拌均勻。

5 甜菜切成細絲。

6 撒上甜菜絲和青檸皮細末裝飾,即可上桌。

和風醋醬是用薄鹽醬油和香橙或酢橘製成的醬汁,常添加於沙拉或佐以魚料理食用。一般商店即可買到,自己動手做也很輕鬆,只要按照第57頁作法即可。酢橘或香橙可改以青檸、葡萄柚和橘子取代。

檸檬汁版和風醋醬

將2湯匙青檸汁、1湯匙味醂、3湯匙醬油、1/2湯匙麻油混合均勻,即完成。

綜合菇蕎麥湯麵

材料可做成 4 人份

乾燥蕎麥麵350g
新鮮香菇125g
鴻禧菇125g
金針菇125g
細蔥1根的蔥綠切成蔥花
蘿蔔苗少許
麻油少許
現磨胡椒
鹽

高湯
鰹魚高湯1500ml
香橙皮1茶匙
味醂6湯匙
醬油5湯匙
清酒1湯匙

準備　10分鐘
烹調　20分鐘

1　將鴻禧菇、金針菇洗乾淨後去除尾部。香菇洗淨後，對切。

2　將麻油倒入炒鍋，開大火加熱，然後放入所有菇拌炒2分鐘，撒上鹽和胡椒調味。先置旁備用。

3　準備高湯：將味醂、清酒倒入湯鍋中，加熱至沸騰以讓酒精蒸發。然後倒入醬油，待重新沸騰後將火轉小，煮到湯汁收至剩一半。將鰹魚高湯倒入鍋中，再度沸騰後加入香橙皮並關火。

4　將麵條放入滾水中，依包裝上指示烹煮4至5分鐘。

5　撈出麵條後瀝乾水份，平均分裝於4個碗中。將熱高湯倒進碗裡，並擺上各種菇、蘿蔔苗，再撒上蔥花，即能享用。

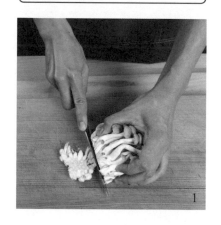

1

小提示
加入幾滴料理酒或味醂於蔬菜、魚肉類的燉菜中，能增添料理的風味。

海帶芽小黃瓜沙拉

小黃瓜1/2條
乾燥海帶芽2湯匙
米醋1湯匙
芝麻1/2湯匙
醬油1湯匙
麻油1湯匙
鹽少許

準備	10分鐘
靜置	13分鐘
無須烹煮	

1 乾燥海帶芽放入裝有冷水的碗中浸泡10分鐘，然後用手擠乾水份。

2 小黃瓜洗淨，去頭尾後對切，再去籽切成薄片。

3 小黃瓜薄片放入碗中，加入鹽攪拌均勻，放置10分鐘。待出水後瀝乾水份。

4 將小黃瓜、海帶芽、其他調味料放入碗中，混合均勻。

這道經典的日本料理和味噌湯齊名，經常出現於菜單上，只要在食材上加以變化，即能做出不同風味的料理。比如，可以加入白蘿蔔（同小黃瓜，須事先抓醃出水），或是用檸檬汁來取代米醋。

小菜

毛豆

海藻小黃瓜沙拉

醃漬菜

日式甘藍菜沙拉

毛豆

材料可做成4人份

帶莢毛豆400g（冷凍包裝）
鹽1茶匙

1　將帶莢毛豆放入滾水中煮10分鐘。
2　撈出瀝乾後倒入碗中，撒上鹽並攪拌均勻。
3　待毛豆冷卻至室溫，即可享用。
4　毛豆莢不可食用，品嚐時直接將毛豆莢放入口中，以牙齒咬出毛豆即可。

醃漬菜

材料可做成1罐

新鮮的薑50g（以略帶粉紅的嫩薑為佳）
白蘿蔔80g
生甜菜30g
水100ml
米醋100ml
砂糖2湯匙
鹽2茶匙

1　準備醋汁：將米醋、水和糖放入鍋中，加熱至沸騰後，關火使之冷卻，置旁備用。
2　將甜菜、白蘿蔔和薑去皮，以削皮器削成薄片。
3　放入滾水中汆燙數秒，撈出瀝乾後撒上鹽。
4　將蔬菜薄片裝進罐子中，倒入方才準備的醋汁，醃漬至少8至10小時。

海藻小黃瓜沙拉

材料可做成4人份

小黃瓜1/2條
乾燥海藻2湯匙
芝麻½湯匙
醬油1湯匙
米醋1湯匙
麻油1湯匙

1　將乾燥海藻放入裝有冷水的碗中，泡發10分鐘，然後用手擠乾水份。
2　小黃瓜去皮，對切後去籽並切成薄片。
3　將小黃瓜與海藻放入碗中，倒入所有調味料一起攪拌均勻。

日式甘藍菜沙拉

材料可做成4人份

紫或白甘藍菜¼顆切成細絲
芝麻鹽1湯匙
麻油1湯匙
米醋4湯匙
砂糖1湯匙
鹽1茶匙

1　將甘藍菜絲放入碗中，倒入米醋、糖、鹽、麻油和芝麻，攪拌均勻後醃製1小時。
2　完全入味後，食用前撒上芝麻鹽即可。

材料可做成 4 人份

冬粉100g
去殼熟蝦仁120g
芝麻葉1把
乾燥海帶芽15g
芝麻1湯匙
醬油1½湯匙
檸檬汁1½湯匙
麻油3湯匙

春雨沙拉

準備	10分鐘
浸泡	10分鐘
烹調	8分鐘

1　將乾燥海帶芽放入裝有冷水的碗中，泡發10分鐘，然後用手擠乾水份。

2　將冬粉放入滾水中，依照包裝指示烹煮約 5 至8分鐘。以冷水沖涼並且瀝乾，然後分切成幾大段。

3　將芝麻葉洗淨放入碗中，接著放入蝦仁、粉絲、海帶芽，倒入麻油、醬油、檸檬汁調味，最後撒上芝麻，拌勻之後盛盤。

春雨也可以改用米粉或河粉。

蟹肉冷麵沙拉

準備	12分鐘
靜置	10分鐘
烹調	8分鐘

蕎麥麵250g
蟹肉125g
白蘿蔔泥100g
乾燥海帶芽4湯匙
和風醋醬8湯匙
青檸皮細末些許

1 將乾燥海帶芽放入冷水中，泡發10分鐘，用手擠乾水份。

2 將蕎麥麵放入滾水中，依照包裝指示烹煮約 5分鐘。

3 蕎麥麵以冷水沖涼，瀝乾後盛盤。

4 放入海帶芽和蟹肉，淋上和風醋醬。

5 最後擺上蘿蔔泥和青檸皮細末。

小提示

蕎麥麵煮熟後，千萬不要省略過冷水的步驟，否則麵條會黏在一起。

味噌蛤蜊湯

材料可做成 4 人份

蛤蜊400g
乾燥海帶芽2湯匙
白味噌4湯匙
細蔥花1湯匙

準備	12分鐘
靜置	20分鐘
烹調	10分鐘

1 將蛤蜊洗淨，用大量的鹽水浸泡約10分鐘，去沙。瀝乾後，置旁備用。

2 將乾燥海帶芽放入冷水中泡發10分鐘，然後用手擠乾水份。

3 將800ml的水倒入鍋中，煮至沸騰。

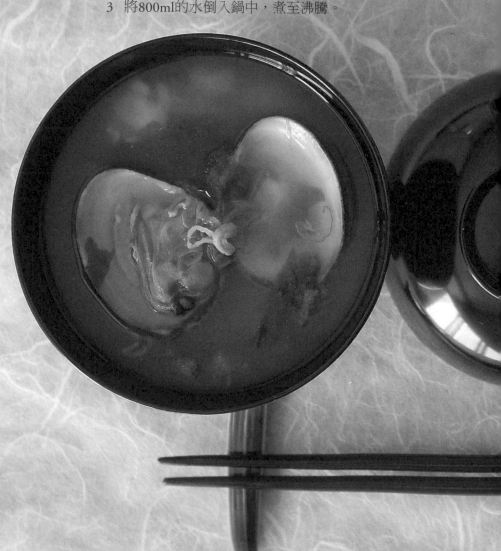

4 放入蛤蜊，以大火煮4到5分鐘，待蛤蜊打開便轉小
   火。

5 舀起1湯杓的蛤蜊湯稀釋味噌，然後再倒回鍋中。注意
   不要將湯滾到沸騰。

6 將海帶芽與蛤蜊均分於4個碗中，舀入味噌湯。最後撒
   上蔥花，即可享用。

白味噌口味清甜，不同於口味較重、較鹹的紅味噌，能
帶出一種甘味，也又不會蓋過貝類細膩的海味，所以很
適合搭配蛤蜊烹調。

小提示
也可以加入豆腐或油
條，以增添飽足感。

料可做成 4 人份

白蘿蔔150g
乾燥海帶芽8g
煙燻鮭魚2片切成小塊
鹽1茶匙

油醋醬
米醋1湯匙
醬油1湯匙
麻油1湯匙

燻鮭魚海帶芽沙拉

準備	10分鐘
烹調	20分鐘
無須烹煮	

1　將乾燥海帶芽放入冷水中泡發10分鐘，然後用手擠乾水份。

2　白蘿蔔去皮後切成薄片，每片再對切成扇形。用鹽醃10分鐘以脫水。沖過冷水後用手壓乾。

3　將醬油、醋、麻油放入碗中，快速地攪拌至乳化狀態。

4　準備一個盤子，放入白蘿蔔、海帶芽和燻鮭魚，淋上油醋醬並拌勻。

冬天的時候，白蘿蔔可取代小黃瓜來製作沙拉或醃菜。

1

2

小提示

白蘿蔔和小黃瓜都富含水份，必須先經過脫水的步驟，否則調味料的味道會被稀釋掉。

豚汁

材料可做成 4 人份

板豆腐100g
豬五花2片切成小塊
紅蘿蔔1小條去皮
番薯½條去皮
韭蔥1根
白蘿蔔½條去皮
蔥½根切成蔥花
高湯800ml
紅味噌4平匙
醬油1湯匙
麻油1湯匙

準備	15分鐘
烹調	15分鐘

1 紅蘿蔔、番薯、白蘿蔔切成薄圓片，然後依大小再切成二或四瓣。韭蔥切成圓片。

2 起油鍋，倒入麻油加熱，放入蔬菜與豬五花，開大火炒3至4分鐘。接著加入高湯，轉小火煮約10分鐘，直到蔬菜軟化為止。

3 於鍋子上方用手將豆腐剝成塊，放入湯中混合均勻後再續煮5分鐘。

4 舀起1湯杓的湯汁來稀釋味噌，然後再倒回湯中。同時加入醬油調味。

5 煮好的湯趁熱平分入碗中，最後以蔥花點綴。

豚汁原本是源自於禪寺的齋食，主要食材為根莖類蔬菜和豆腐。

小提示

避免湯汁過鹹，可以先加入2/3的味噌，待品嚐過味道後，再依個人喜好，調整濃淡。

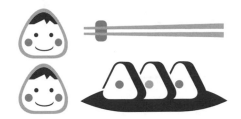

Onigiri
& bento

飯糰與便當

飯糰與便當，可說是日本人飲食生活中不可或缺的料理，尤其是戶外郊遊或者是春天賞櫻、秋天賞楓等季節性活動的時候。

現在大家看到的飯糰形狀大多為三角形，但其實依照地區的不同，也有圓盤形、俵型（圓筒狀）、丸形等造型。飯糰可以依照個人喜好選擇內餡材料，也能利用食材顏色，做成小朋友們喜歡的「彩色球」造型，讓他們不知不覺地吃下富含營養，但尚不敢嚐試的食物！

若是便當的話，除了米飯，大多是些許青菜、搭配上炸物、醃漬魚、魚漿料裡等容易保存，冷食也很美味的料理。最特別的是喜歡做菜的日本媽媽們都會有自己的私房野餐食譜，讓大家坐在樹下邊賞花邊聊天的同時，也能享受著美味動人的暖心料理。

棒棒糖飯糰

材料可做成 8 人份
棒棒糖飯糰

熱白飯240g
風乾火腿2片
雞蛋1顆打成蛋液
芝麻葉數片
蒸熟菠菜葉4大片
芝麻鹽2湯匙
葵花油
鹽少許
木製小湯匙8根

| 準備 | 10分鐘 |
| 烹調 | 3分鐘 |

1 將油倒入煎鍋，開中火加熱。倒入打散的蛋液，煎2至3分鐘，持續以筷子或鍋鏟攪拌做成炒蛋。

2 於熱白飯撒上鹽巴。將炒蛋、120g已調味的白飯、1湯匙芝麻鹽、1/2芝麻葉放入碗中，輕輕地拌勻。

3 製作菠菜棒棒糖飯糰：❶雙手沾濕後，舀1大湯匙的拌飯到掌心中，將1根木製小湯匙置於拌飯正中央後，再舀1大湯匙的拌飯蓋於上方。❷用雙手將拌飯捏緊成圓球狀。❸取1片菠菜葉將飯糰包裹起來。
按照上述作法，再完成另外3根菠菜棒棒糖飯糰。

4 製作火腿片棒棒糖飯糰：將每片火腿橫切成2片。將剩下的飯、芝麻葉、芝麻鹽放入碗中混合均勻，依照上述作法，完成4根棒棒糖飯糰。最後用火腿將每根棒棒糖飯糰包裹起來。

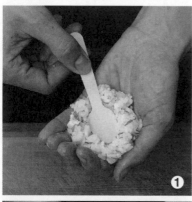

❶

❷

小提示
要使棒棒糖飯糰的外型更加渾圓，可以先包裹上保鮮膜後再加工。如此一來，也能方便外出享用。

各式三角飯糰

醬油烤飯糰

紅米飯糰

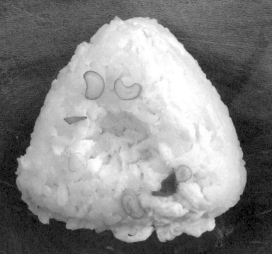

炒蛋飯糰

鮪魚飯糰

梅子飯糰

石蓴飯糰

味噌烤飯糰

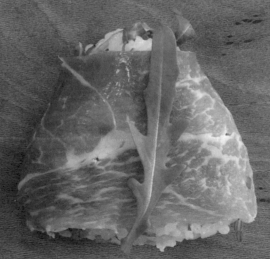

義式飯糰

醬油烤飯糰

材料可做成2個飯糰

白飯1碗
黑芝麻1湯匙
醬油

1 將黑芝麻撒在白飯上輕柔地拌勻,以免壓碎飯粒。

2 製作三角飯糰:雙手沾濕後,舀1/2碗的白飯到掌心中,輕柔地捏壓成三角狀。塑形秘訣在於轉換三角飯糰的方向,並且輪流壓勻三面。注意千萬不要過度用力,將飯糰給壓扁了!
重覆以上步驟,再完成另外1個飯糰。

3 將飯糰放在舖有烘培紙的烤盤上,送進烤箱烤約2分鐘。拿出來刷上醬油,放回烤箱烤1至2分鐘,然後再拿出來,將飯糰翻面後刷上醬油。最後再烤2分鐘即可。

鮪魚飯糰

材料可做成2個飯糰

壽司醋飯1碗
罐頭鮪魚片2湯匙
細蔥2根切成蔥花
海苔2片

1 將鮪魚、蔥花和醋飯混合均勻。

2 雙手沾濕,按照「醬油烤飯糰」步驟2的作法做成2個三角飯糰。

3 最後各用1片海苔包住飯糰的底部。

紅米飯糰

材料可做成2個飯糰

紅米飯1碗
煙燻鰻魚2條瀝乾切碎
細蔥2根切成蔥花

1 將鰻魚、蔥花和白飯混合均勻。

2 雙手沾濕,按照「醬油烤飯糰」步驟2的作法做成2個三角飯糰。

炒蛋飯糰

材料可做成2個飯糰

白飯1碗
雞蛋1顆
青蔥½根切成蔥花
油少許
鹽少許

1 將蛋打入碗中,加入鹽和蔥花後拌勻。

2 將油倒入炒鍋中加熱,倒入蛋液,然後不停翻炒以做成炒蛋。

3 離火後,將炒蛋和白飯一起倒入碗中,輕柔地拌勻。雙手沾濕,按照「醬油烤飯糰」步驟2的作法做成2個三角飯糰。

梅子飯糰

材料可做成2個飯糰

白飯1碗
日式去籽鹹梅1顆
黑芝麻1湯匙

1　將黑芝麻撒在白飯上輕柔地拌勻，以免壓碎飯粒。
2　雙手沾濕，按照「醬油烤飯糰」步驟2的作法做成2個三角飯糰。
3　最後稍微按壓飯糰中央，各放上半顆日式鹹梅。

味噌烤飯糰

材料可做成2個飯糰

白飯1碗
細蔥½根切成蔥花
味噌1平匙

1　雙手沾濕，按照「醬油烤飯糰」步驟2的作法做成2個三角飯糰。
2　將味噌放入碗中，加入½湯匙的水稀釋均勻。將稀釋過的味噌塗在飯糰上。
3　將飯糰放在舖有烘培紙的烤盤上，送進烤箱烤約數分鐘，直到表面呈金黃色。最後撒上蔥花。

石蓴飯糰

材料可做成2個飯糰

白飯1碗
芝麻鹽2湯匙
石蓴片2湯匙

1　將石蓴片、芝麻鹽與白飯輕柔地攪拌均勻，以免壓碎飯粒。
2　雙手沾濕，按照「醬油烤飯糰」步驟2的作法做成2個三角飯糰。

義式飯糰

材料可做成2個飯糰

白飯1碗
帕瑪火腿2片
芝麻葉10片

1　將8片芝麻葉切碎，與白飯攪拌均勻。
2　雙手沾濕，按照「醬油烤飯糰」步驟2的作法做成2個三角飯糰。
3　最後用帕瑪火腿將2個飯糰包起來，再各佐以1片芝麻葉裝飾。

材料可做成 4 個飯糰

白飯2碗
海苔片3湯匙
芝麻鹽2湯匙
醬油3湯匙
海苔1/2張切成4片
鹽少許

海苔烤飯糰

準備	5分鐘
烹調	8分鐘

1　將白飯、海苔片、芝麻鹽倒入碗中，輕柔地混合均勻，以免壓碎飯粒。

2　製作三角飯糰：❶灑一些鹽在沾濕的雙手上。❷取1/4的海苔飯稍微壓緊捏成三角狀。❸轉換三角飯糰的方向，並且輪流壓勻三面。千萬不要過度用力，將飯糰給壓扁了！
　　重複以上步驟，再完成另外3個飯糰。

3　加熱烤架或鐵板，放上飯糰烤2分鐘。用刷子刷上醬油，翻面烤2分鐘，然後再次翻面，使飯糰每面都至少都烤2分鐘。

4　各用1片海苔將飯糰包起來。

❶

❷

❸

小提示
將飯舖於保鮮膜中，就可以用手或飯糰模型塑成您希望的形狀。

材料可做成 4 個便當

花飯糰
紅米飯2碗
白蘿蔔1/4條去皮切成圓片
黑芝麻少許
鹽少許

花飯糰2

花飯糰3

花飯糰3

美麗小花便當

準備	50分鐘
烹調	25分鐘
靜置	30分鐘

1　將飯倒入碗中，加入鹽輕柔地拌勻。

2　於飯糰花朵模型內放入調味過的飯，壓緊後取出。

3　白蘿蔔圓片用壓模切出形狀，然後擺放於花朵飯糰上，並且撒些黑芝麻點綴。

香草奶油佐番薯

番薯1/2條去皮後，切成1.5cm厚的圓片。
香草奶油20g（請參見第52頁，可依個人喜好，選用不同香草。）

1　番薯圓片用壓模切出形狀，放入已加鹽的滾水中煮5分鐘。

2　撈出瀝乾後，擺進便當盒裡，各鋪上一層香草奶油。

日式炸蝦

大蝦12尾去殼，留下尾部並去沙腸
雞蛋1顆
日式或傳統麵包粉8湯匙
麵粉4湯匙
日式豬排醬或番茄醬
油炸用油

1　準備三個盤子，麵包粉和麵粉分別倒入兩個盤子，蛋打散在第三個盤子。

2　蝦子依序沾過麵粉、蛋液、麵包粉。起油鍋，放入蝦子炸約3分鐘，直到表面呈金黃色。

3　撈出後放到廚房紙巾上瀝乾油份，搭配醬汁享用。

櫻桃蘿蔔沙拉

白蘿蔔1/4條去皮切成圓片
櫻桃蘿蔔4個洗淨去蒂削成球形
醬油1湯匙
檸檬汁1湯匙
麻油1湯匙

1 白蘿蔔圓片用壓模切出形狀。

2 醬汁：將麻油、醬油、檸檬汁倒入碗中，攪拌至呈乳
化狀態。

3 將白蘿蔔、櫻桃蘿蔔放入碗中，倒入醬汁拌勻即可。

日式炸蝦2

覆盆子馬士卡彭塔

酥餅皮1張230g
覆盆子80g
馬士卡彭乳酪4湯匙
砂糖1½湯匙

1 將烤箱預熱至180℃（調節器轉到6）。

2 將酥餅皮於料理台上桿平，然後用壓模切出形狀。

3 將造型酥餅皮鋪入模型中，送進烤箱烤15分鐘。取出
後放至冷卻。

4 將馬士卡彭乳酪放入碗中，加入糖快速打勻，再倒入
已冷卻的塔皮，最後擺上覆盆子做裝飾。

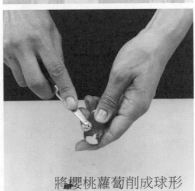

將櫻桃蘿蔔削成球形

小花便當配菜

綠花椰菜1/2顆切成小朵
小紅蘿蔔100g去皮
菊苣葉2片
芝麻醬

將紅蘿蔔放入滾水中煮3分鐘，再加入花椰菜續煮5分
鐘。撈起瀝乾後，淋上芝麻醬即可。

覆盆子馬士卡彭塔2

小提示
想做出花朵形狀的餅皮
塔，可以使用長花瓣造
型的壓模模型。

美麗小花便當

可愛小熊便當

準備	50分鐘
烹調	25分鐘
靜置	30分鐘

瞌睡熊

熱白飯3碗
醃漬薑片8片
莫扎瑞拉奶酪1片
海苔2片
蛋皮4張
煮熟紅蘿蔔4片
菊苣葉4片
鹽少許

瞌睡熊2

瞌睡熊2

1 紅蘿蔔片用壓模切出星星或愛心形狀，莫扎瑞拉乳酪切成4塊橢圓狀，海苔切成8片1cm長的長條狀、4個圓形及8個逗號形狀，薑切成16片圓片。
2 將飯倒入碗中，加入鹽混合均勻。利用沾濕的雙手將飯捏成不同大小的飯糰，做成4隻熊的頭部、耳朵和腳。
3 將1片菊苣葉放入便當盒中，然後依圖片所示，組成造型熊便當。

小提示
撒些香鬆於瞌睡熊上，更能增添風味。

唐揚豆腐

板豆腐200g瀝乾水份並切成2cm厚的厚片
大蒜1顆切碎
日本太白粉1盤
新鮮薑泥1茶匙
醬油2湯匙
清酒1/2湯匙
油炸用油

1 豆腐厚片用壓模切出形狀，放入碗中。加入大蒜、

薑、醬油、清酒混合均勻後，送進冰箱醃30分鐘。

2 豆腐瀝乾後沾上太白粉。起油鍋，1放入豆腐，油炸約5分鐘直到表面呈金黃色。

3 撈起後放到廚房紙巾上瀝乾油份。

菠菜佐芝麻醬

波菜400g放入加鹽的滾水汆燙過並瀝乾
芝麻醬4湯匙
芝麻粒1湯匙

先於菠菜上撒芝麻粒，再淋上芝麻醬。

唐揚豆腐1

柑橘塔

酥餅皮1張
柑橘果肉4片去皮

柑橘奶油用
柑橘2顆榨成汁
雞蛋1顆打散成蛋液
玉米粉1湯匙
砂糖30g

唐揚豆腐2

1 柑橘奶油：將柑橘汁倒入鍋中，加入糖、蛋液、玉米粉後，以小火邊加熱邊攪拌，直到變稠。倒入模型後，送進冰箱冷藏約1小時。

2 烤箱加熱到180°C。酥皮桿平，切好4片同塔模大小的圓片後放入塔模中，送進烤箱烤15分鐘，取出待其冷卻。

3 將柑橘奶油塗抹在已冷卻的餅皮上。

4 以柑橘果肉加以點綴。

小熊便當配菜

荷蘭豆
櫻桃小番茄

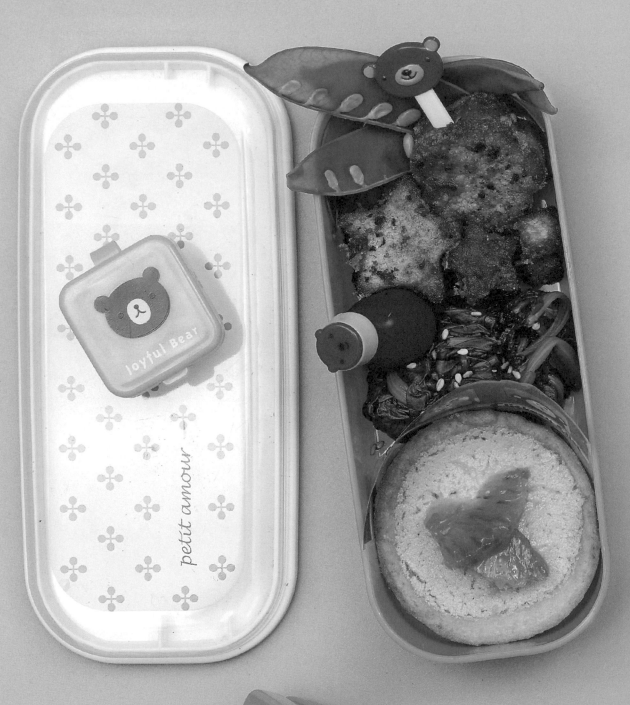

可愛小熊便當

Clickery Click

Sushi, sashimi & chirashi

壽司、生魚片與散壽司

壽司（Sushi）是由醋飯搭配其他食材，如生魚片、魚卵、蔬菜、海鮮等配料做成的料理，也是日本料理的代表菜色。其等級以食材的鮮度、醋飯、刀法來決定。

常見的壽司種類有：於醋飯糰蓋上一片食材的握壽司；於海苔片舖上醋飯，加入不同食材，用竹簾捲成長條後再切段的捲壽司；將調味過的油豆皮切半，填入醋飯的稻荷壽司；將豐富食材排列於醋飯上層的散壽司；用木箱將食材和醋飯壓成方形，再切段的箱押壽司；先用海苔圍繞住醋飯糰，再將食材填入醋飯糰上方的軍艦壽司；將海苔捲成甜筒狀，放入醋飯（有時不放）以及蔬菜或海鮮的手卷；將醋飯和食材用保鮮膜包起，扭捲成球形的手鞠壽司等。

綜合壽司盤

材料可做成 4 人份
（32 個握壽司）

醋飯4小碗
玉子燒4塊
鮭魚1大塊
鯛魚1大塊
鯖魚1大塊
鰈魚1大塊
大甘貝2塊
鮭魚卵4湯匙
細蔥1把切成蔥花
青檸1顆取外皮切成細絲
新鮮薑泥1茶匙
海苔1片
苜蓿芽1湯匙
照燒醬250ml
山葵

| 準備 | 45分鐘 |
| 烹調 | 15分鐘 |

鮭魚握壽司

材料可做成8個握壽司

◎ 先去除鮭魚魚皮和魚刺，並且刮淨所有黏在魚肉上的暗色部位。將鮭魚切成8片1.5 cm厚的魚片。

1 雙手沾濕。

2 取少許醋飯置於手掌中，手掌輕壓捏1個小橢圓狀的飯糰。

3 用一隻手指沾一點山葵，塗抹在鮭魚片中央。

4 接著將飯糰擺放於鮭魚片上。

5 翻過來，讓鮭魚片置於飯糰之上。

6 用兩隻手指在魚片上施點壓力，使魚片黏著於飯糰。

7 重複上述作法，直到完成8個握壽司。

亦能使用壽司壓模。使用前先用水沾濕，盛滿醋飯，並且用飯匙將飯壓緊。蓋上蓋子後再次壓緊，才脫模取出飯糰。於每個飯糰上抹些少許山葵，再擺上一片魚肉。

搭配壽司食用
醬油
醃漬薑片

鯛魚握壽司

材料可做成4個握壽司

1 先去除鯛魚魚皮和魚刺，切成4片1.5cm厚的魚片。使用接近平切，而非垂直切向砧板的方式，即可完美地切出具厚度的魚片。

2 依照左頁鮭魚握壽司的作法，先將醋飯捏成1個小橢圓狀的飯糰，再蓋上1片鯛魚。

3 放上些許薑泥和細蔥花。

4 重複上述作法，直到完成4個握壽司。

鯖魚握壽司

材料可做成4個握壽司

1 去除鯖魚魚刺，切成4片1.5cm厚的魚片。

2 依照左頁鮭魚握壽司的作法，先將醋飯捏成1個小橢圓狀的飯糰，再蓋上1片鯖魚。

3 放上些許薑泥。

4 重複上述作法，直到完成4個握壽司。

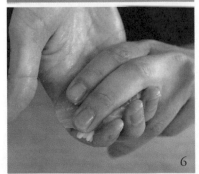

129

鮭魚卵軍艦壽司

鮭魚卵軍艦壽司

材料可做成4個軍艦壽司

◎ 依照第128頁鮭魚握壽司的作法，先將醋飯捏成1個小
橢圓狀的飯糰。

1 切1片寬度高過飯糰的海苔片。

2 然後將飯糰捲起來。

3 用小湯匙將鮭魚卵盛在海苔飯糰上。

4 重複上述作法，直到完成4個軍艦壽司。

干貝握壽司

材料可做成4個握壽司

◎ 依照第128頁鮭魚握壽司的作法，先將醋飯捏成1個小
橢圓狀的飯糰。

1 先將每塊干貝平切成4片，再於每個飯糰蓋上2片。

2 擺上些許青檸皮細絲。

3 重複上述作法，直到完成4個握壽司。

玉子燒壽司

玉子燒壽司

材料可做成4個壽司

◎ 依照第128頁鮭魚握壽司的作法，先將醋飯捏成1個小
　橢圓狀的飯糰。

1　蓋上1片玉子燒。

2　用1片海苔將壽司捲起來。

3　重複上述作法，直到完成4個軍艦壽司。

蛋皮壽司

材料可做成4個壽司

1　捏好4個小橢圓狀飯糰後，各用半張蛋皮將飯糰包起
　來。

2　用1片海苔將壽司捲起來。

想要能分辨各種不同類型的壽司，請記得：

握壽司：飯糰上蓋著配料的壽司

手鞠壽司：球狀壽司

箱押壽司：壓成四方或長方狀的壽司

軍艦壽司：用一片海苔或蔬菜圍繞住飯糰，上面舖滿配料的壽司。

卷壽司：用海苔包裹醋飯和餡料的圓條狀壽司

細卷壽司：較細的卷壽司

太卷壽司：較粗的卷壽司

裏卷壽司：和卷壽司相反，用米飯包裹海苔和餡料的圓條狀壽司。

手卷：用手捲成甜筒狀的壽司

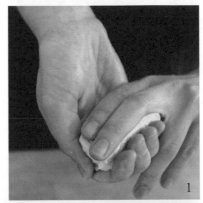

1

2

小提示
適合一口食用的飯糰大
小最好！配料也能完全
蓋過飯糰。

コツ

照燒壽司

材料可做成4個壽司

1 將鰈魚放在烤網或烤盤上，以微火烤1分鐘，然後用刷子刷上照燒醬。放回火上再烤1分鐘，重新刷上醬汁，最後再烤1分鐘。

2 鰈魚切成4片約4cm寬的魚片。

3 將醋飯捏成1個小橢圓狀的飯糰後，蓋上1片照燒鰈魚，然後刷上照燒醬。

4 重複上述作法，直到完成4個軍艦壽司。

5 於壽司旁擺上些許苜蓿芽，即可盛盤上桌。

除了調味過的照燒壽司以外，壽司通常是沾取混有少許山葵的醬油後享用。品嚐不同口味的壽司時，可先用醃漬薑片「清」一下味蕾，以免滋味都混在一起。

小提示
生魚片也可以改用南瓜或新鮮香菇。

鯖魚箱押壽司

醋飯240g
鮮度上等鯖魚2塊
米醋120ml
糖2湯匙
鹽2湯匙

搭配壽司食用
醬油及山葵

準備	20分鐘
醃製	1小時40分鐘
無須烹調	

1 去除鯖魚的魚刺後，放入深盤。先撒1湯匙的鹽，翻面再撒上剩下的鹽，醃40分鐘。

2 先以清水沖洗醃過的鯖魚，再用廚房紙巾吸乾水份。

3 先將米醋和糖倒入深盤中拌勻，再放入已清洗乾淨的鯖魚，接著送進冰箱醃1小時。

4 從冰箱取出醃好的鯖魚，先用廚房紙巾擦乾水份，再挑掉魚皮上的薄膜。

5 壽司壓模泡過水後盛滿醋飯，並且用湯匙壓緊。將鯖魚放到飯糰上稍微按壓，使魚肉黏著於飯上。

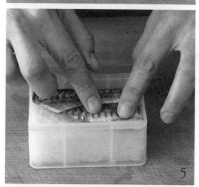

6 取出後，切成容易入口的長條狀壽司。

7 將箱押壽司盛盤，沾取些許混合山葵的醬油，即可享用。

小提示

雖然鯖魚較容易腐敗，少生食。但因為鯖魚脂肪豐厚，經過醃製會散發出濃郁的魚油香，所以常被做成醋醃鯖魚壽司食用。

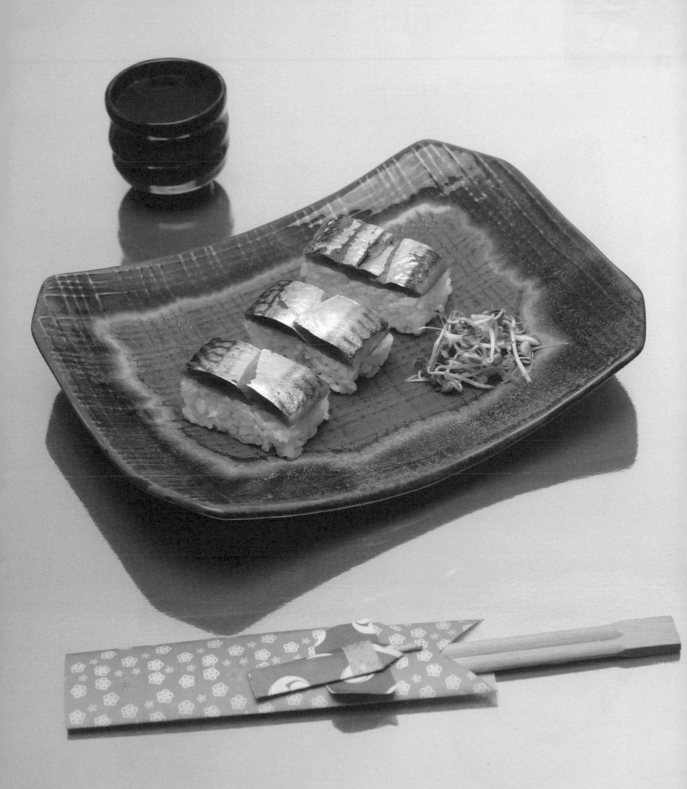

稻荷壽司

沙丁魚握壽司

鮭魚軍艦壽司

海膽軍艦壽司

鮮蝦握壽司

章魚握壽司

蘆筍握壽司

鮪魚握壽司

稻荷壽司

材料可做成6個壽司

醋飯120g
芝麻1湯匙
調味過的油豆皮6片

1 將醋飯與芝麻輕柔地混和後，捏成6個小
   橢圓狀飯糰。
2 切開油豆皮，填入芝麻醋飯。

沙丁魚握壽司

材料可做成6個壽司

醋飯120g
已處理的沙丁魚6片
新鮮薑泥1茶匙
細蔥1把切成蔥花

1 將醋飯捏成6個小橢圓狀飯糰。
2 於每個飯糰蓋上1片沙丁魚。
3 用手輕壓魚片，使其黏著於飯糰上。
4 最後再加上些許薑泥點綴。

小提示
如果您手邊沒有漂亮的魚片，何不
將魚肉切成細丁後，做成軍艦壽司。

鮭魚軍艦壽司

材料可做成6個壽司

醋飯120g
鮭魚肉細丁100g
櫛瓜1/2條
細蔥1根切成蔥花

1 將櫛瓜洗淨後，用削片器縱向刨成6片長
   條狀極薄片。
2 將櫛瓜片放入滾水中，煮約5秒鐘後撈起
   瀝乾。
3 將醋飯捏成6個小橢圓狀飯糰。
4 用櫛瓜片捲起飯糰，於每個飯糰上方填
   入鮭魚細丁，最後加上蔥花點綴。

海膽軍艦壽司

材料可做成6個壽司

醋飯120g
海膽50g
海苔2片

1 將醋飯捏成6個小橢圓狀飯糰。
2 將海苔切成6片寬度高過飯糰的海苔片。
3 用海苔片捲起飯糰，用湯匙將海膽輕輕
   地填入每個飯糰上方。

鮮蝦握壽司

材料可做成6個壽司

醋飯120g
生蝦6尾
香菜調味料3茶匙
香菜數片

1 去掉蝦頭及蝦腸。用1枝牙籤由頭至尾貫穿蝦背，撐直蝦子。
2 放入滾水中煮約30秒至蝦子呈橘紅色。撈起瀝乾後剝除蝦殼，由腹部往背部切開蝦身。
3 將醋飯捏成6個小橢圓狀飯糰，於每個飯糰蓋上1隻蝦子和舖上些許香菜。

章魚握壽司

材料可做成6個壽司

醋飯120g
熟章魚100g
青檸1/2顆榨汁和外皮細末
山葵

1 章魚腳斜切成6片長方形狀。
2 將醋飯捏成6個小橢圓狀飯糰，於每個飯糰蓋上1片章魚。
3 淋上青檸汁以及撒上些許青檸皮細末。

蘆筍握壽司

材料可做成6個壽司

醋飯120g
蘆筍6根
芒果1/2顆
紫蘇葉數片
米醋1湯匙
鹽少許

1 將芒果果肉、鹽、米醋打成果泥。
2 蘆筍水煮約3分鐘後瀝乾，縱向切成長條狀的極薄片。
3 將醋飯捏成6個小橢圓狀飯糰，於每個飯糰蓋上蘆筍片、1湯匙調味芒果泥以及紫蘇葉。

鮪魚握壽司

材料可做成6個壽司

醋飯120g
100g黃鰭鮪魚肉1塊
細蔥1根切成蔥花
山葵

1 將鮪魚肉平均切成6塊。
2 將醋飯捏成6個小橢圓狀飯糰，於每個飯糰蓋上1片鮪魚和撒上少許蔥花。

小提示
能用鰹魚取代鮪魚，不但美味且更經濟實惠。

手鞠壽司

材料可做成每種壽司各6個

醋飯360g
鮭魚肉100g
鯛魚肉100g
蛋皮2張切成麵條狀
紫蘇調味料3茶匙
小片的紫蘇葉或蘿勒樹葉
鮭魚卵2湯匙
細蔥8根切成蔥花
醃漬薑片3片

紫蘇調味料
紫蘇葉或蘿勒10片和薄荷各4瓣混合
梅子泥或續隨子1茶匙
山葵粉1茶匙
米醋2湯匙
沾料
醬油和山葵

| 準備 | 30分鐘 |
| 烹調 | 8分鐘 |

1　紫蘇調味料：將全部材料用食物調理器打勻。此調味料放入瓶中，可於冰箱冷藏保存3至4天。

2　去除鮭魚肉、鯛魚肉的魚骨，各切成6片薄魚片。

3　準備1張保鮮膜，於正中央處放入1片鮭魚以及1匙醋飯。像包糖果一樣，先用手指束起保鮮膜，再扭轉成球狀。完成後打開保鮮膜取出壽司，再擺上紫蘇調味料和紫蘇葉即可。按照同樣方法完成另外5個手鞠壽司。

4　醃漬薑片用印花壓模壓出小花形狀。

5　依鮭魚手鞠壽司的作法，捏成6個鯛魚手鞠壽司。舖上小花造型的醃漬薑片，撒上細蔥花點綴。

6　依魚肉手鞠壽司的作法，捏成6個蛋皮麵手鞠壽司。放上1茶匙鮭魚卵，撒上細蔥花點綴。

7　將手鞠壽司沾取拌入山葵的醬油後享用。

3

材料可做成 2 捲太卷壽司
（16 塊）＋ 4 捲細卷壽司
（24 塊）

醋飯4小碗
海苔片4張
醬油和山葵

太卷壽司
鮭魚肉80g
小黃瓜1/4條去皮、去籽並
切成粗條狀
玉子燒1/4條
芝麻葉1把

細卷壽司
酪梨1/2顆
黑芝麻2湯匙
芝麻葉1把
苜蓿芽1把

準備　35分鐘
無須烹調

太卷壽司

1　將鮭魚切成魚柳狀，玉子燒切成條狀。準備1張海苔片，舖在壽司竹簾上。較明亮、平順的那面貼著竹簾。在3/4的海苔上舖1層醋飯，再將準備好的1/2材料排放成1列。

2　用手指壓住材料的同時，抬起靠近自己的竹簾邊，蓋住所有的材料。海苔的邊緣必須接觸到醋飯。用手壓緊竹簾以形成柱狀。

3　單手握住竹簾，另一隻手往前一點一點滾動壽司捲。每次滾動的同時，再次壓緊壽司。

4　拿掉竹簾，將壽司置於砧板上。用1把鋒利的刀子將壽司捲切半，每段再1切為2，直到切好8塊。每次下刀前先用濕布擦拭刀鋒，以免飯粒黏住刀鋒。

5　按照同樣方法，利用剩餘的材料做成8塊太卷壽司。

細卷壽司

1. 酪梨切成條狀。準備1張海苔切半,將半張海苔舖在竹簾上。較明亮、平順的那面貼著竹簾。在3/4的海苔上舖1層醋飯,再將準備好的1/4的材料排放成1列。

2. 按照製作太卷壽司的方式做成壽司捲。

3. 用1把鋒利的刀子將壽司捲切半,每捲再1切為3,直到切好6塊。每次下刀前先用濕布擦拭刀鋒,以免飯粒黏住刀鋒。

4. 按照同樣方法,利用剩餘的材料再做成3捲細卷壽司,並且各分切為6塊。

卷壽司之所以大受歡迎,在於其配料豐富,也可以依個人喜好調整內容。何不添購一片壽司竹簾,有了它不僅能更快速掌握製作技巧,也方便您正確捲好壽司!

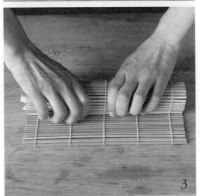

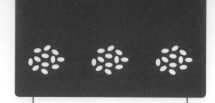

醋飯400g
紅蘿蔔1條去皮切成絲
菊苣葉4片
酪梨1顆
海苔片4張
紫蘇葉8片或芝麻葉1把
苜蓿芽或其他芽菜1把
白及黑芝麻

搭配壽司食用
醬油
山葵

| 準備 | 20分鐘 |
| 無須烹調 |

鮮蔬裹卷壽司

1 酪梨去皮、去籽後切成條狀。

2 準備1張海苔片，舖在壽司竹簾上。較明亮、平順的那面貼著竹簾。先舖1層醋飯，然後蓋上1張保鮮膜，再蓋上第2張竹簾。將整片海苔醋飯翻面置於檯面上，拿掉上層竹簾，讓海苔醋飯成為最上層。將1/4紅蘿蔔絲、1片菊苣葉、2片紫蘇葉、1/4酪梨條、1/4苜蓿芽平均排放成1列，長度與海苔同寬。

3 捲起壽司的同時，一點一點將保鮮膜拉出來。完成時保鮮膜應該已經完全取出。

4 將芝麻倒入淺盤中，放入壽司捲沾滿芝麻。取出後切成8塊卷壽司。

5 按照同樣手法，利用剩餘的材料做成3捲裏卷壽司，並且各分切成8塊。

6 沾取拌入山葵的醬油後，即可享用。

應用版卷壽司

鰹魚細卷壽司

雞肉太卷壽司

赤黑裏卷壽司

甜菜細卷壽司

鮭魚細卷壽司

鯖魚太卷壽司

青裏卷壽司

蘿蔔乾細卷壽司

雞肉太卷壽司

材料可做成4捲

醋飯400g
海苔片4張
去骨雞腿1隻
燒肉醬100ml
煮熟四季豆1把
紅蘿蔔1/2條去皮並成絲
蛋皮4張
烹調用油些許

1 雞肉切成雞柳，用燒肉醬醃15分鐘。
2 將油倒入炒鍋中加熱，放入醃好的雞肉翻炒3分鐘。倒入醃醬，再炒1分鐘後離火。
3 瀝乾雞肉，保留醬汁。每捲壽司各用1張蛋皮和1/4的材料。完成4捲後，各切成8小塊，搭配方才保留的醬汁享用。

鰹魚細卷壽司

材料可做成4捲

醋飯200g
鰹魚肉100g
海苔片2張切半

1 去除鰹魚的魚皮後切成4條魚柳。
2 每捲各使用1/4的材料。完成4捲壽司後，各切成6小塊。

甜菜細卷壽司

材料可做成4捲

醋飯200g
生甜菜1/4 顆去皮刨成絲
酪梨1/2顆去皮切成條
海苔片2張切半
苜蓿芽1把

每捲各使用1/4的材料。完成4捲壽司後，各切成6小塊。

赤黑裏卷壽司

材料可做成4捲

醋飯400g
海苔片4張
生甜菜1/4顆去皮打成泥
酪梨1顆去皮切成條
熟蝦8隻去殼
煮熟青蘆筍8根
藍波魚卵50g

1 將醋飯倒入碗中，加入甜菜泥後輕輕地混合均勻。
2 將調味過的醋飯舖在1張海苔片上，先撒上一些藍波魚卵，然後蓋上1層保鮮膜，再蓋上第2張竹簾。
3 將整面翻過來置於檯面上，此時換成海苔在最上層。擺上1/4的材料，連同保鮮膜一起慢慢地將壽司捲起來。
4 每條卷壽司各切成8塊，然後拉掉保鮮膜。

鮭魚細卷壽司

材料可做成4捲

醋飯200g
海苔片2張切半
鮭魚肉100g
蘿蔔苗或其他芽菜 1小把

1　將鮭魚處理好後，切成4條魚柳。
2　每捲壽司各使用1/4的材料。完成4捲
　　後，各切成6小塊。

鯖魚太卷壽司

材料可做成4捲

醋飯400g
海苔片4張
鯖魚1條
黃瓜1/4條
已煮熟菠菜60g
芝麻葉1把

1　將鯖魚處理好後切成魚柳。黃瓜去皮、
　　去籽後切成條狀。
2　每捲壽司各使用1/4的材料。完成4捲
　　後，各切成8小塊。

青裏卷壽司

材料可做成4捲

醋飯400g
海苔片4張
鮭魚肉100g
細蔥1根切成蔥花
菊苣葉4片
黃瓜1/4條
飛魚卵或海苔粉50g

1　將鮭魚處理好後切成細丁，與蔥花混
　　合。黃瓜去皮、去籽後切成絲。
2　每捲壽司各使用1/4的材料。完成4捲
　　後，各切成8小塊。

蘿蔔乾細卷壽司

材料可做成4捲

紅醋飯200g
海苔片4張
蘿蔔乾或醃漬蘿蔔60g

1　將蘿蔔乾切成條狀。
2　每捲壽司各使用1/4的材料。完成4捲
　　後，各切成6小塊。

小提示
如果沒有蘿蔔乾，可以用醃漬黃瓜
或其他醃菜代替。

蟹肉手卷

材料可做成 4 人份

醋飯400g
蟹肉200g
大酪梨1顆
菊苣葉1把
海苔片4張各切成4片

香菜調味料
香菜1把
續隨子1湯匙
青檸1顆榨汁
水1湯匙
醬油1茶匙

準備 10分鐘
無須烹調

1　香菜調味料：將所有食材倒入碗中，混合均勻。

2　酪梨去皮、去籽後切成條狀。

3　將每種食材分別裝盤，方便大家可以依照個人喜好，製作自己的手捲。

4　製作手卷：在1片海苔上舖上一些白飯，然後擺上些許蟹肉、1片菊苣葉和1條酪梨。撒上調味料後，將手卷捲成甜筒狀，即可享用。

只要準備好壽司和醋飯，想吃什麼就捲什麼，非常方便。很適合邀請親友們到家裡聚餐的歡樂料理。

小提示
可使用傳統的山葵拌醬油取代香菜調味料。

料可做成 4 人份

鮭魚肉120g
鯛魚肉100g
鯖魚肉100g
黃鰭鮪魚肉120g
花枝1隻
白蘿蔔1小塊
紫蘇葉或綜合生菜數片
醃漬薑片數片

搭配食用
白飯4碗
醬油
山葵

綜合生魚片

準備 20分鐘
無須烹調

1 將白蘿蔔去皮切成細絲後，靜置備用。

2 鮭魚肉、鯛魚肉、鯖魚肉處理好後，各切成約1cm厚的
  魚片，鮪魚肉則切成1.5cm厚。

3 先將花枝切開頭身，挑除軟骨、取出墨囊，然後用清水洗
  淨。花枝平均切成2片，接著每隔1公分便劃1刀，最後捲
  起來後切成條狀。

4 將魚片和花枝條盛盤，以紫蘇、蘿蔔、醃漬薑片裝
  飾。

5 沾取拌入山葵的醬油後，即可單吃或搭配白飯享用。

小提示
所使用的魚肉種類可以更加豐富，
例如鰹魚、鱸魚、沙丁魚、竹筴魚或
是加上些許生干貝。

鬼鮋生魚片

材料可做成 4 人份

鮮度上等鬼鮋肉150g
芝麻葉1小把
白蘿蔔泥3湯匙
新鮮薑泥1湯匙
米醋1湯匙
醬油2湯匙
麻油4湯匙

準備 10分鐘
烹調 1分鐘

1 先去除魚刺和魚皮，再將魚肉切成薄片。

2 將魚肉薄片盛盤，以白蘿蔔泥、薑泥、芝麻葉點綴後，淋上醋和醬油。

3 起油鍋，倒入麻油加熱，開始冒煙便關火。淋上加熱過的麻油，即可享用。

傳統散壽司

醋飯4大碗
鮮度上等生干貝4塊
鮮度上等鮭魚肉1塊
鮮度上等鯖魚肉1塊
熟蝦12尾
玉子燒8塊
小黃瓜1/4條
香芹葉數片
芝麻2湯匙

搭配食用
醬油
山葵

準備　20分鐘
無須烹調

一般家庭都容易準備的散壽司，食材以生魚片及蔬果為主。只要將所有食材放到醋飯上，大家再分食享用即可。

1　蝦子去殼，僅留下尾部。每塊干貝橫切成3片。去除鮭魚、鯖魚的魚皮和魚刺，各切成1.5cm厚的魚片。

2　小黃瓜去皮後縱切成2段，再橫切成薄片。

3　於醋飯上撒些芝麻，輕柔地攪拌。依序擺上2塊玉子燒、3塊生干貝、3尾蝦子、魚片、小黃瓜片，最後放上香芹點綴。

4　淋上拌入山葵的醬油，即可享用。

鮪魚及鮭魚卵散壽司

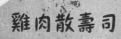

雞肉散壽司

紅米散壽司

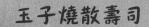
玉子燒散壽司

鱸魚紅醋栗散壽司

竹筴魚散壽司

應用版散壽司

鮪魚及鮭魚卵散壽司

材料可做成4碗

醋飯4大碗
黃鰭鮪魚肉250g
鮭魚卵或鱒魚卵4湯匙
綜合生菜葉1把
（芝麻葉、蒲公英、水菜、義大利紫菊苣）

搭配食用
醬油與山葵

1　將鮪魚切成1口大小的長條塊狀。
2　依序將鮪魚片、1湯匙鮭魚卵、些許綜合
　　生菜舖於醋飯之上。
3　淋上拌入山葵的醬油，即可享用。

雞肉散壽司

材料可做成4碗

醋飯4大碗
去骨雞腿肉300g
紅蘿蔔去皮切成絲1條
小黃瓜去皮、去籽後切成薄片1條
香菜數把
芝麻
燒肉醬100ml
烹調用花生油

搭配食用
醬油與山葵

1　雞肉切塊後放入碗中，倒入烤肉醬，送
　　進冰箱醃約15分鐘。

2　從冰箱取出雞肉，瀝乾醃醬。於熱好油
　　的炒鍋中炒3至4分鐘，中間須稍作翻動。
3　依序將雞肉、紅蘿蔔絲、小黃瓜片、香
　　菜舖於醋飯上，撒些芝麻。
4　淋上拌入山葵的醬油，即可享用。

紅米散壽司

材料可做成4碗

紅米醋飯4大碗
蘿蔔乾或小黃瓜16片
酪梨1顆
紫蘇葉或香菜12片
苜蓿芽或其他芽菜1把

搭配食用
醬油與山葵

1　酪梨去皮、去籽後切成片狀。蘿蔔乾依
　　大小對切或切成1/4。
2　依序將蘿蔔乾、酪梨片、紫蘇葉、苜蓿
　　芽舖於醋飯上。
3　淋上拌入山葵的醬油，即可享用。

玉子燒散壽司

材料可做成4碗

醋飯4大碗
玉子燒1份
生甜菜1/4顆去皮後刨成細絲
黃瓜1/4條去皮、去籽後刨成薄片
芝麻葉1把
芝麻1湯匙

搭配食用
醬油與山葵

1 玉子燒切成塊後對切。依序將玉子燒、黃瓜片、甜菜、芝麻葉舖於醋飯上，撒些芝麻。
2 淋上拌入山葵的醬油，即可享用。

竹筴魚散壽司

材料可做成4碗

醋飯4大碗
竹筴魚肉或鯛魚肉350g
葡萄柚1/2顆
茴芹數把
蘿蔔苗些許
芝麻

搭配食用
醬油與山葵

1 剝開葡萄柚，去除果肉外層白膜後對切。竹筴魚去除魚皮和魚刺後切片。
2 依序將魚片、葡萄柚果肉、茴芹以及蘿蔔苗舖於醋飯上，撒些芝麻。

3 淋上拌入山葵的醬油，即可享用。

鱸魚紅醋栗散壽司

材料可做成4碗

醋飯4大碗
鱸魚肉350g
酪梨1顆去皮去籽後切成片狀
紫蘇葉1把
檸檬1/4顆切成4瓣
紅醋栗1湯匙
細蔥1根切成蔥花
海苔細片1湯匙

搭配食用
醬油與山葵

1 鱸魚去除魚皮和魚刺後切成薄片。依序將鱸魚片、酪梨、檸檬、紫蘇葉、紅醋栗舖於醋飯上，撒些蔥花和海苔細片。
2 淋上拌入山葵的醬油，即可享用。

Donburi
& yakimeshi

丼飯與炒飯

丼飯的日文是「丼物」(donburimono)。
「丼」即為大尺寸的厚碗,用來盛裝麵
或飯,後來也代表著於米飯上盛裝各
種食材的料理,比如牛丼、親子丼、海
鮮丼等。
炒飯的日文是「燒き飯」(yakimeshi)。
「燒き」即為炒或燒烤,而「燒き飯」
自然就是炒飯的意思。若冰箱尚有隔
夜剩飯、剩菜的話,將它作成這道料理
再適合不過了。尤其是色彩繽紛又美味
的炒飯,往往讓人一吃就上癮!

3

熱白飯4碗
雞腿1隻
雞蛋4顆
青蔥2根
壽司海苔1/2張切成細絲
鰹魚高湯200ml
味醂4湯匙
醬油4湯匙

親子丼

準備	10分鐘
烹調	10分鐘

這道超人氣料理深受大眾喜愛。親子就是字面上的「父母和子女」之意，引申自雞肉和雞蛋。

1　雞腿去骨、去皮後切片，青蔥切成蔥花。留下些許蔥花做最後裝飾用。

2　將高湯倒入鍋中，加熱至沸騰。放入雞肉、蔥花、醬油和味醂，開中火煮約5分鐘。

3　於碗中將雞蛋打散，倒進鍋中稍微攪拌，待蛋液凝結成蛋花，即可起鍋。

4　將白飯盛於大碗中，淋上煮好的雞肉與醬汁，再撒上些許蔥花和海苔點綴，即可享用。

小提示

欲吃到半熟狀態的滑蛋，可分2次淋入蛋液。第1次先淋入2/3份量的蛋液，待8分熟後，再淋入剩餘的蛋液即可。

肉味噌丼

材料可做成 4 人份

熱白飯4碗
豬絞肉400g
韭蔥1根
小黃瓜1條
大蒜1瓣
新鮮薑泥1湯匙
香菜些許切碎
玉米澱粉1湯匙
芝麻2湯匙
味噌4平湯匙
醬油2湯匙
砂糖2湯匙
麻油1湯匙
葵花油些許

| 準備 | 10分鐘 |
| 烹調 | 10分鐘 |

1　韭蔥縱切為2段,再切成蔥花。小黃瓜去皮、去籽後切成絲。大蒜去皮後磨成泥。

2　將豬絞肉與玉米澱粉放入碗中,攪拌均勻。

3　起油鍋,倒入葵花油開大火加熱。先放入韭蔥、薑、蒜泥,爆香約2至3分鐘,再放入絞肉炒約3分鐘。加入醬油、糖調味。拌勻後再煮約3分鐘,關火。最後加入味噌和麻油,翻炒後即可起鍋。

4　將白飯盛於大碗中,淋上煮好的味噌肉燥,舖上小黃瓜絲,撒些芝麻和香菜,即可享用。

3

3

小提示
亦可使用牛絞肉來取代豬絞肉。

牛肉壽喜丼

| 準備 | 15分鐘 |
| 烹調 | 12分鐘 |

材料可做成 4 人份

熱白飯4碗
薄切牛肉片300g
小白菜或白菜400g
韭蔥1根
紅蘿蔔1條
新鮮香菇4朵
金針菇100g
新鮮有機雞蛋4顆
青蔥1把
植物油½湯匙

壽喜燒醬
醬油6湯匙
味醂6湯匙
清酒3湯匙
水3湯匙
細砂糖3湯匙

壽喜燒,是一種以少量醬汁烹煮食材的鍋物料理。最早是農夫在農忙結束後,於金屬製的鋤頭上燒煮肉類食用的一道料理,又名「鋤燒」。主要食材大多為牛肉,佐以蔥段、豆腐、香菇等配料烹煮,伴以蛋液食用。

1 韭蔥切段,紅蘿蔔去皮後切成圓片。青蔥切成細蔥花,香菇對切,小白菜去掉根部後切成段。

2 壽喜燒醬汁:將所有的材料放入湯鍋中,邊加熱邊攪拌均至滾開。待砂糖完全溶解後離火。

3 起油鍋,加入韭蔥、紅蘿蔔拌炒2分鐘。倒入壽喜燒醬汁後燉煮6至8分鐘至蔬菜軟化。

4 加入白菜、香菇、金針菇,繼續煮2分鐘後離火。此時才舖上牛肉片。因為煮熟後的蔬菜熱度能燙熟肉片,也能保留住其鮮味。

5 將白飯盛於大碗中,擺滿烹煮好的蔬菜與肉片,再打上一顆雞蛋,撒上青蔥,即可享用!

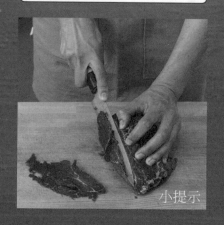

小提示

小提示
先將牛肉放入冰箱冷凍約1小時
再切片的話，即可切出薄肉片。

蟹肉炒飯

材料可做成 4 人份

熱白飯600g
蟹肉250g
雞蛋4顆打成蛋液
青蔥2根切成蔥花
細蔥4把切成蔥花
大蒜1瓣切碎
薑末1湯匙
醬油1½湯匙
麻油4湯匙
現磨胡椒
鹽

準備	10分鐘
烹調	10分鐘

1　準備炒蛋：將蛋液倒入碗裡，加入少許鹽攪拌均勻。於炒鍋中倒入1/2湯匙麻油加熱，接著倒入蛋液，用筷子拌炒。在炒蛋全熟前離火，倒入盤中備用。

2　於已洗淨的炒鍋中倒入2湯匙麻油，開中火加熱，接著放入蒜、薑、青蔥花，爆香約3至4分鐘。

3　倒入白飯翻炒約2至3分鐘後加入蟹肉和炒蛋，淋上醬油和剩餘的油調味，翻炒均勻。先試味道，如有必要便加入鹽或胡椒，最後以細蔥花點綴。

4　蟹肉可以改用火腿等其他食材取代。

小提示
若剩飯的口感偏硬，可以斟酌加入一點點水，使之軟化。

魚飯

材料可做成 4 人份

熱白飯600g
鱒魚或鮭魚400g
白菜300g
韭蔥1根
豆芽菜100g
雞蛋2顆
薑泥1茶匙
黑或白芝麻2湯匙
醬油2湯匙
葵花油2湯匙
麻油2湯匙
現磨胡椒
鹽

準備 | 10分鐘
烹調 | 10分鐘

1 先去除魚皮和魚刺，再將魚肉切成丁。韭蔥和白菜則切成小段。

2 於炒鍋中倒入2湯匙葵花油及1湯匙麻油，放入韭蔥、白菜、薑泥，以大火拌炒約3分鐘。加入豆芽菜續炒約1分鐘，盛盤備用。

3 將1湯匙的麻油倒入已洗淨的炒鍋中加熱，放入魚肉丁，以大火炒約1分鐘。倒入蛋液拌炒至熟，再加入待下鍋的蔬菜。最後加入醬油、鹽及胡椒調味。

4 鍋子離火，拌入白飯翻炒均勻。撒上芝麻，即可盛盤。

可以製成魚飯的魚種類很多，例如鱈魚、青鱈或鯖魚皆可。

小提示
可以搭配醃漬香菇昆布或芝麻山葵調味料一起享用。

火腿花椰菜蛋炒飯

香菇玉米炒飯

香菇青豆炒飯

綜合炒飯

海帶芽蛋炒飯

鯖魚小白菜炒飯

荷蘭豆蝦仁炒飯

香菇玉米炒飯

材料可做成4人份

白飯600g
新鮮香菇8朵
熟玉米粒200g
四季豆100g
新鮮薑泥1茶匙
檸檬汁2湯匙
醬油2湯匙
麻油1湯匙
現磨胡椒
鹽

1　香菇洗淨切片。四季豆撕去老筋，摘去兩頭後切成小段。

2　將1湯匙麻油倒入炒鍋中加熱，放入香菇、四季豆、薑泥，以大火炒約2至3分鐘。倒入白飯和玉米粒拌勻後，加入檸檬汁和醬油調味。

3　起鍋前，可以依個人喜好，再加入鹽和胡椒。最後以中火翻炒1分鐘，即可盛盤。

火腿花椰菜蛋炒飯

材料可做成4人份

白飯600g
花椰菜200g
雞蛋4顆
火腿2片
大蒜1瓣
橄欖油2湯匙
現磨胡椒
鹽

1　將蛋打入碗裡，加入少許鹽拌勻。花椰菜切成小朵。大蒜去皮磨成泥。火腿切成小丁。

2　將1湯匙橄欖油倒入炒鍋中加熱，再倒入調味過的蛋液做成炒蛋備用。

3　於已洗淨的炒鍋中倒入將1湯匙的橄欖油加熱，放入花椰菜以大火炒約4到5分鐘，然後加入鹽和胡椒調味。

4　倒入白飯、炒蛋、火腿丁拌勻後轉中火翻炒約1分鐘，即可盛盤。

香菇青豆炒飯

材料可做成4人份

白飯600g
去殼青豆100g
乾香菇8朵
洋蔥苗1根切成蔥花
醬油2湯匙
清酒2湯匙
麻油1湯匙

1　將乾香菇放入冷水中泡發約30分鐘，擠乾水份後去蒂，切成薄片。泡發的水備用。

2　將1湯匙麻油倒入炒鍋中加熱，放入青豆、香菇、洋蔥苗炒約3分鐘，再加入100ml泡發香菇的水、清酒以及醬油，繼續煮至湯汁收乾，

3　起鍋前，加入白飯拌勻，即可盛盤。

荷蘭豆蝦仁炒飯

材料可做成4人份

白米與野生黑米煮熟600g
去殼熟蝦8尾
荷蘭豆200g
新鮮薑泥1茶匙
檸檬1顆榨成汁
葵花油1湯匙
現磨胡椒
鹽

1　熟蝦切丁，荷蘭豆切成小段。
2　將1湯匙葵花油倒入炒鍋中加熱，放入荷蘭豆與薑泥以大火炒2分鐘。加入蝦子、檸檬汁、鹽以及胡椒拌勻。
3　倒入白飯，以大火繼續炒幾分鐘，即可盛盤。

海帶芽蛋炒飯

材料可做成4人份

半糙米煮熟600g
新鮮雞蛋4 顆
新鮮薑泥1茶匙
乾燥海帶芽2湯匙
麻油1湯匙
葵花油1湯匙
現磨胡椒
鹽

1　將乾燥海帶芽於裝有冷水的碗中泡發10分鐘，然後用手將水分擠乾。
2　將蛋打入碗裡，加入少許鹽打勻。

3　將1湯匙葵花油倒入炒鍋中加熱，然後倒入調味過的蛋液做成炒蛋備用。
4　於已洗淨的炒鍋中倒入1湯匙麻油，放入薑泥開大火爆香。加入白飯、炒蛋、海帶芽片拌炒並加入鹽、胡椒調味。全部拌勻後，轉中火繼續翻炒1分鐘，即可盛盤。

鯖魚小白菜炒飯

材料可做成4人份

白飯600g
新鮮鯖魚肉1塊
小白菜300g
洋蔥苗1根切成蔥花
清酒2湯匙
檸檬1½顆榨成汁
葵花油2湯匙
現磨胡椒
鹽

1　小白菜去尾後切成約2cm長的小段。鯖魚去除魚皮和魚刺後，魚肉切塊。
2　將1湯匙葵花油倒入炒鍋中加熱，放入魚肉塊開大火炒2分鐘，即盛盤備用。
3　再倒入1湯匙的葵花油於炒鍋中，放入洋蔥苗和小白菜炒3到4分鐘。加入鹽、胡椒、清酒和檸檬汁調味。
4　拌勻後加入飯及魚肉塊，開中火再翻炒1分鐘，即可盛盤。

蒟蒻麵拌飯

準備	15分鐘
泡發	20分鐘
烹調	6分鐘

材料可做成 4 人份

熱白飯600g
蒟蒻麵200g
紅蘿蔔1條
荷蘭豆10片
乾燥香菇4朵
新鮮薑泥1湯匙
大蒜1瓣
清酒或味酥2湯匙
醬油2湯匙
麻油1湯匙
葵花油2湯匙
現磨胡椒
芝麻鹽
鹽

1 將乾香菇放入冷水中泡發約20分鐘。擠乾水份，去蒂後切成薄片。

2 蒟蒻麵瀝乾水份，切成數段。

3 紅蘿蔔去皮切成絲。荷蘭豆切小段。大蒜去皮後磨成泥。

4 將葵花油和麻油倒入炒鍋中加熱，放入蒟蒻麵與紅蘿蔔、香菇、荷蘭豆、薑、蒜，開大火炒約5分鐘。

5 加入清酒、醬油、芝麻鹽調味，轉中火再翻炒1分鐘。

6 鍋子離火後，拌入白飯。可以依個人口味，加入鹽或胡椒調味，拌勻後即可盛盤。

日文中，蒟蒻也稱為「白滝」，含有豐富的水溶性膳食纖維，為人體吸收後，能使胃腸蠕動的功能活絡，幫助排便，因此在日本有「胃腸清道夫」之美名。

1

2

小提示

如果沒有蒟蒻，可以用板豆腐切絲取代。

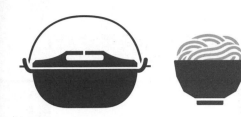

Noodles and dumplings

麵食與餃子

日本人愛吃麵食，從中餐到宵夜，均可見其蹤影。像是帶有日本傳統風味的蕎麥麵、炎炎夏日的消暑冷麵、冷熱皆宜的烏龍麵。或者是受中國飲食文化影響而成，近年在台灣飲食界引領風潮，有鹽味、豚骨、味增、醬油四大口味的拉麵。最特別的是在享用拉麵同時，通常也會配上一盤煎餃或白飯，以增添飽足感。

接下來，就跟我們一起做出令人食指大動的麵食料理吧！

日式冷麵

日式細麵400g
芝麻2湯匙
柴魚醬油600ml
配料
青蔥1根切成蔥花
海苔1片切成細絲
薑1小塊切絲

準備	10分鐘
烹調	3分鐘

1 將麵條放入大量滾水中，依照包裝指示烹煮，約2或3分鐘

2 麵條以冷水沖涼，瀝乾水份後盛盤。撒上些許芝麻粒。

3 將蔥花、海苔絲、薑絲盛入碟子，柴魚醬油倒入碗中後，即可搭配冷麵享用。

小提示

喜歡重口味的話,可於醬汁中加入些許山葵。

沖繩風細麵

準備 10分鐘
烹調 20分鐘

材料可做成 4 人份

日式細麵400g
板豆腐120g
櫛瓜1條
洋蔥苗2根
雞蛋4顆
薑1塊
醬油2湯匙
芝麻2湯匙
麻油些許
葵花油1½湯匙
現磨胡椒
鹽

1 豆腐瀝乾水份後，切成長方形條塊狀。薑去皮切成細絲。洋蔥苗切成蔥花。櫛瓜洗淨切成薄片。

2 將麵條放入滾水中，按照包裝指示烹煮約2分鐘。撈起後，以冷水沖涼，並且瀝乾水份。

3 將蛋打入碗裡，加入少許鹽打勻。將1/2湯匙的葵花油倒入炒鍋中加熱。接著倒入調味過的蛋液拌炒。在炒蛋全熟前離火，倒入盤中備用。

4 將1湯匙的葵花油倒入已洗淨的炒鍋中，放入豆腐和薑絲，開中火炒約8分鐘。加入蔥花拌炒2分鐘，然後放入櫛瓜繼續炒3分鐘，接著加入麵條、醬油以及麻油拌勻。

5 起鍋前放入炒蛋，加入鹽和胡椒調味拌勻後盛盤。撒上芝麻粒，即可享用。

「ゴーヤーチャンプルー」（goyaChanpuru）沖繩風炒苦瓜——是沖繩的代表料理，清淡爽口。傳統料理所使用的食材是苦瓜，有時也會加上四葉胡瓜。本食譜是採用西式料理中常見的櫛瓜。

咖哩烏龍麵

材料可做成 4 人份

新鮮烏龍麵800g
雞腿2隻
紅蘿蔔1小條
蘑菇8朵
韭蔥1根
大蒜1瓣
日式咖哩塊100g
葵花油些許

準備 20分鐘
烹調 35分鐘

所謂的日式咖哩，大多是指加入果泥，口感略帶甜味的咖哩塊。通常是等食材燉煮熟後，才將其剝開融於湯中。

味道濃稠的咖哩，除了可以拌飯吃外，也可以做成拉麵和烏龍麵等湯麵類的湯底。

1 先將雞腿去骨、去皮後切成大丁。紅蘿蔔去皮後切成圓片。韭蔥洗淨後切成長約2cm的蔥段。洋菇洗淨、去蒂後對切。大蒜去皮後切成碎末。

2 於炒鍋中倒入葵花油，開大火加熱，放入大蒜碎末、紅蘿蔔和韭蔥，拌炒約3至4分鐘，然後加入雞肉塊拌炒至呈金黃色。最後再加入蘑菇，倒入1000ml的水，待水滾後轉小火煮15分鐘。

3 咖哩剝成小塊，放入鍋中攪拌至完全融化。接著再燉煮5分鐘，且持續攪拌至醬汁變稠。

4 將烏龍麵放入滾水中，依照包裝指示烹煮約2或4分鐘。

5 撈起烏龍麵後瀝乾水份，均分於4個碗中。倒入煮好的雞肉咖哩和醬汁，便可上桌。

小提示

コツ

咖哩放涼後可以先分裝，再冷凍保存。想吃時，拿一份出來加熱，即可享用。

鴨肉鍋燒烏龍麵

準備	10分鐘
烹調	15分鐘

1 將鴨排切成薄片。金枝菇洗淨後去尾，香菇洗淨後去蒂。

2 菠菜洗淨後瀝乾，放入鍋中熱炒2至3分鐘。

3 將烏龍麵放入滾水中，依照包裝指示烹煮2至4分鐘。撈起後，瀝乾水份。

4 將鰹魚高湯倒入砂鍋中，與醬油和味酥混合均勻。加入烏龍麵、鴨肉片、菇類以及菠菜後，蓋上鍋蓋煮至沸騰，再轉小火繼續煮約8分鐘。

5 撒上山椒，即可盛盤上桌。

材料可做成 4 人份

新鮮烏龍麵800g
鴨排肉300g
菠菜150g
新鮮香菇4朵
金針菇或洋菇125g
鰹魚高湯1200ml
醬油6湯匙
味酥4湯匙
山椒或花椒粒少許

小提示
喜歡重口味的話，可於享用前加入些許醬油和檸檬汁。

雞肉南蠻蕎麥麵

材料可做成 4 人份

乾燥蕎麥麵350g
雞腿2隻
韭蔥1根
菠菜1大把
鰹魚高湯1500ml
醬油6湯匙
味醂6湯匙
清酒1湯匙
山椒或花椒粒少許
葵花油些許
砂糖1湯匙
現磨胡椒
鹽

| 準備 | 15分鐘 |
| 烹調 | 25分鐘 |

1 雞腿去骨後去皮，每一面均撒上鹽和胡椒。韭蔥洗淨後切成8段，菠菜用水沖洗乾淨。

2 將葵花油倒入炒鍋中加熱，放入雞肉，開大火煎約3分鐘，翻面後再煎2分鐘。起鍋後於砧板上切塊。

3 於炒鍋中放入韭蔥，開大火爆香3至4分鐘，接著倒入1/2杯的鰹魚高湯，蓋上鍋蓋後轉小火，使湯汁煮至稍微收乾。加入菠菜煮約1至2分鐘便熄火。

4 將味醂、清酒倒入鍋中，燒至滾開使酒精蒸發，再倒入醬油和糖。待醬汁再次沸騰，便將火轉小繼續煮至醬汁收成一半。

5 將剩餘的高湯倒入鍋中，再次煮至沸騰。

6 將麵條放入滾水中，依照包裝指示烹煮4或5分鐘。

7 撈起麵條後瀝乾水份，平均分盛裝入4個大碗中。舖上蔬菜以及雞肉塊後舀入高湯，再撒上山椒，即可享用。

1

生魚片綠茶蕎麥麵

材料可做成 4 人份

綠茶蕎麥麵或乾燥蕎麥麵
350g
特級新鮮鯖魚1尾
洋蔥苗1根
新鮮薑泥1茶匙
紫蘇葉8片或香菜5把
柴魚醬油600ml

| 準備 | 15分鐘 |
| 烹調 | 5分鐘 |

1 先將鯖魚片好，去除所有的魚刺和魚皮後切塊。

2 洋蔥苗切成蔥花，紫蘇葉切碎。

3 將麵條放入滾水中，依照包裝指示烹煮4或5分鐘。撈起後以冷水沖涼，並且瀝乾水份。

4 將煮好的麵條盛盤，舖上鯖魚，撒上蔥花、薑泥，加
  以紫蘇點綴後，淋上些許柴魚醬油。

5 將剩下的柴魚醬油平均分於4個碗中，搭配麵條一起享
  用。

新鮮拉麵600g或乾燥麵條400g
五花肉200g
烏賊150g切成圈狀
去殼生蝦150g
高麗菜1/4顆
紅蘿蔔1/2條
豆芽菜60g
洋蔥苗2根切成蔥花
拉麵高湯2000ml
蠔油2湯匙
葵花油1湯匙
鹽1茶匙
醃漬薑片
現磨胡椒
鹽

什錦拉麵

準備	25分鐘
烹調	10至15分鐘

「ちゃんぽん」（champon）意指豐富的食材。若以拉麵為底，搭配上炒過的蔬菜和海鮮食材，就能搖身變成什錦拉麵，很適合喜愛台灣味的人們。

1　五花肉切成塊，高麗菜切成片狀。紅蘿蔔去皮後切成薄圓片。

2　於炒鍋中倒入1湯匙葵花油，開大火加熱。放入五花肉塊炒約1分鐘，加入紅蘿蔔片翻炒2至3分鐘。接著加入蝦仁、烏賊、高麗菜、蔥、豆芽菜一起拌炒3至4分鐘。加入蠔油、鹽再續煮1分鐘。

3　將高湯倒入炒鍋中拌勻，煮至沸騰。再放入拉麵煮2到3分鐘。

4　麵條瀝乾水份後，平均分配於4個大碗中。擺上豬肉和蔬菜，倒入高湯，撒上胡椒。以薑泥點綴後，即可上桌。

2

3

醬油拉麵

材料可做成 4 人份

乾燥拉麵條400g
叉燒肉用豬肉塊400g
菠菜200g
玉米筍8根
洋蔥苗1根切成蔥花
去殼半熟蛋
壽司海苔1/2張切成4等份
雞骨高湯2000ml
醬油4湯匙
味醂2湯匙
葵花油1/2湯匙
鹽1茶匙

相較於口感濃郁的豚骨拉麵，以雞骨高湯為底的醬油拉麵，吃起來更為清爽。為了同時品嚐湯汁和麵條的美味，也可以學習日本人在吃麵時，順勢連麵帶湯一併吸入口中的豪邁吃法！

1 於炒鍋中倒入葵花油開大火加熱，先將豬肉煎至每面都呈金黃色，再加水蓋過豬肉。待水燒至沸騰，便轉小火續煮10分鐘。

2 取出豬肉，倒掉鍋中的水，再將豬肉重新放回鍋中。倒入雞骨高湯煮至沸騰。依序加入醬油、味醂、鹽後，以小火燉煮15分鐘。

3 將半熟蛋、玉米筍放入鍋中，以小火續煮5分鐘。

4 取出豬肉，瀝乾水份後切片。每顆蛋各對切成半。玉米筍撈起備用。

5 菠菜洗乾淨，放入滾水中汆燙2分鐘。撈起後，以湯匙背面壓乾水份。

6 將麵條放入滾水中，依照包裝指示烹煮2或3分鐘。

7 撈起麵條，瀝乾水份後平均分裝入4個碗中。舀入高湯，擺上肉片、菠菜、半熟蛋、玉米筍。撒上蔥花、海苔，即可享用。

 2

材料可做成 4 人份

新鮮拉麵600g或乾燥麵條
400g
火腿2片
蛋皮4張切成粗麵條狀
番茄1顆
無農藥殘留的小黃瓜1條
玉米粒4湯匙
海苔1張切成細絲
芝麻2湯匙
日式芥末

中華涼麵

| 準備 | 20分鐘 |
| 烹調 | 15分鐘 |

炎炎夏日，沒食慾的話，不妨來盤清涼爽口的中華涼麵，消暑一下。可依個人喜好，選擇配菜和醬汁。

1　將麵條放入滾水中，依照包裝指示烹煮2或3分鐘。撈起後用冷水沖涼，瀝乾水份。

2　火腿對切後切成細條。番茄去皮後先切半，再切成薄片。 小黃瓜洗淨後先切成片，再切成絲。

3　依照您的選擇，準備醬汁。

4　先將麵條放入大盤子，再依序擺上火腿、番茄、小黃瓜、玉米、蛋皮，於盤緣抹上一點芥末。

5　淋上醬汁，撒上些許芝麻，然後舖上海苔絲，即可享用。

小提示

配菜也可以有新變化：酪梨、豆芽菜、叉燒肉、雞肉絲……

辣味版

1 將麵條放入滾水中,依照包裝指示烹煮2或3分鐘。撈起後用冷水沖涼,瀝乾水份。

2 120g煮熟的四季豆各切成2段,4顆櫻桃蘿蔔切成絲,幾把香菜切碎,2張蛋皮切成粗麵條狀。

3 先將麵條放入大盤子,再依序擺上步驟2的配菜以及100g蟹肉。淋上辣味醬汁,即可享用。

芝麻醬版

1 將2湯匙海帶芽放入冷水中泡發10分鐘,然後用手擠乾水份。

2 先切下4片叉燒豬肉,再切成條狀。1/2條小黃瓜切成絲,紅蘿蔔刨成薄片。

3 將麵條放入滾水中,依照包裝指示烹煮2或3分鐘。撈起後用冷水沖涼,瀝乾水份。

4 芝麻醬:所有材料倒入碗中拌勻。

5 將配菜舖於麵條上,淋上醬汁,即可上桌。

醬汁
雞湯100ml
新鮮薑泥1茶匙
醬油2湯匙
米醋1湯匙
砂糖2湯匙

或
辣味醬汁
辣椒泥2湯匙
醬油3湯匙
檸檬汁3湯匙
麻油1湯匙
砂糖2湯匙

芝麻醬汁
醬油3湯匙
水3湯匙
芝麻泥2湯匙
米醋1湯匙
麻油2湯匙
砂糖1湯匙
芝麻1湯匙

*醬汁可依個人喜好選擇

中華涼麵

日式炒麵

材料可做成 4 人份

炒麵用乾燥麵條或拉麵360g
五花肉片50g
高麗菜100g
洋蔥苗2根
薑切碎1湯匙
日式炒麵醬5或6湯匙
麻油1湯匙
烹調用葵花油

搭配食用
醃漬薑片
細片海苔或青海苔1湯匙

準備	10分鐘
烹調	12分鐘

有別於台式炒麵的濕潤口感，麵條較為Q彈、伴有獨特濃郁醬汁的日式炒麵，不僅是日本祭典活動上的招牌菜色，於熱狗麵包中放入炒麵的炒麵麵包也是超人氣商品。

1 將麵條放入滾水中，依照包裝指示烹煮，一般為1分鐘。煮好的麵條用冷水沖涼，瀝乾水份。

2 豬五花肉片切成小片。高麗菜洗淨後切成片狀，洋蔥苗切成蔥花。

3 於炒鍋中倒入葵花油開中火加熱，放入蔥花、高麗菜、五花肉、薑，翻炒約5或6分鐘。

4 放入麵條，淋上炒麵醬、麻油，再炒約1分鐘。

5 將烹調好的炒麵平均分配於盤中，擺上薑片、海苔裝飾。

小提示
如果使用醃製過的五花肉，可以減少炒麵醬的用量。

日式煎餃

製作餃皮用
白麵粉75g
在來米粉75g
水100ml

製作內餡用
豬絞肉120g
高麗菜120g
洋蔥苗1根切成蔥花
大蒜1顆切碎
新鮮薑泥1茶匙
醬油3湯匙
麻油3½茶匙
現磨胡椒
鹽

沾醬
米醋2湯匙
醬油2湯匙

準備	30分鐘
靜置	15分鐘
烹調	10至15分鐘

日式煎餃的特色在於：煎的那面酥，蒸的那面嫩。通常會搭配拉麵一起享用。

1 餃子皮：將麵粉過篩到容器中，慢慢加入水拌勻，搓揉捏成光滑的麵糰。蓋上一條濕布靜置15分鐘。取出麵糰後，滾成圓條狀並切成20塊。每塊小麵糰用麵棍桿成直徑約10cm的圓形餃皮。

3 內餡：將高麗菜放入煮滾水中汆燙1分鐘，取出後瀝乾水份並切碎，再連同所有內餡用的材料放入攪拌盆中拌勻。

4 取1片餃子皮，放入1茶匙的內餡。沾濕半張餃子邊緣後對折黏起，並於接口處捏些摺子以將餃子黏緊。對折餃子皮的同時，注意不要留下太多空氣。重複以上步驟，直到完成20顆餃子。

5 於煎鍋倒入油加熱，放入餃子，不用翻面煎約5分鐘。

6 倒入至煎餃高度一半的水，蓋上鍋蓋後開大火，煮至水燒乾，掀起鍋蓋再續煎1分鐘。

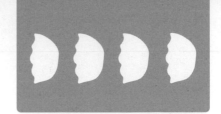

7 準備沾醬：將米醋和醬油混合均勻。

8 起鍋後，將煎餃翻面盛起到盤子裡，金黃色那面朝上。搭配沾醬享用。

蔬食版

1 將120g的羽衣甘藍菜汆燙後切碎。100g的板豆腐瀝乾後切碎。

2 於炒鍋中倒入些許葵花油，放入豆腐以及1茶匙薑泥稍微拌炒。

3 內餡：取1根洋蔥苗洗淨後切成蔥花，4朵香菇去蒂後切成細丁。依序將甘藍菜、蔥花、豆腐、香菇以及1茶匙薑泥、3湯匙醬油、1湯匙麻油放入攪拌盆中拌勻，再加入鹽和胡椒調味。

4 開始包20顆蔬食餃子。依照先前介紹的方式烹煮，並搭配沾醬食用。

小提示

冷凍過的餃子可以直接下鍋烹煮。因為蓋鍋蓋加水悶煮的過程中，蒸氣有助於餃子加速解凍。

日式煎餃

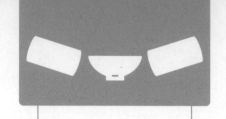

日式春捲

| 材料可做成 4 人份 | |

春捲皮12張
豬絞肉200g
高麗菜葉6片
紅蘿蔔1小條
豆芽菜1把
乾燥香菇4朵
洋蔥1/2顆
日本太白粉2湯匙
麻油1湯匙
醬油2湯匙
葵花油1湯匙
油炸用油
現磨胡椒
鹽

搭配食用
醬油
日式芥末

準備	40分鐘
烹調	30分鐘
浸泡	15分鐘

日式春捲是小麥粉製成的餅皮。內餡是炒過的餡料,外皮則泛著下鍋油炸到酥酥脆脆的金黃色澤,口感酥脆。

1 將乾燥香菇放入冷水中泡發15分鐘。取出擠乾水份後,去蒂切成片狀。浸泡的水留著備用。

2 舀起100ml泡香菇的水溶解太白粉。

3 除去高麗菜葉的梗後切成細絲。洋蔥切碎,紅蘿蔔去皮後刨成薄片。

4 於炒鍋中倒入葵花油加熱,放入洋蔥、香菇,開大火炒3、4分鐘。接著加入絞肉、紅蘿蔔、高麗菜和豆芽菜,再翻炒約5分鐘。

5

5 倒入醬油、麻油、太白粉水,加入鹽和胡椒調味。攪拌到開始變濃稠後關火,待其冷卻。

6 ❶包春捲:將一張春捲皮放在料理台上,放入1大湯匙的內餡。❷開始捲的第一步,先把餡料都包進去。❸將兩側往內折。❹沾濕餅皮四周邊緣,再繼續捲好。❺重複以上步驟,直到完成12捲生春捲。

7 將炸油加熱至170°C——把竹筷子插入油中，當其四周冒出許多小氣泡時，就表示溫度足夠。

8 將春捲炸至表面呈現漂亮的金黃色。起鍋後置於廚房紙巾上瀝乾油份。

9 沾取醬油或日式芥末，即可享用。

蝦仁版

1 先將12隻生蝦去殼，再切開蝦背，以挑去黑色蝦腸。

2 12朵香菇去蒂後切片，2根韭蔥切成8cm長的蔥段，一起放入蒸鍋蒸10分鐘。

3 準備12張春捲皮，各包入芝麻葉、1段韭蔥、1隻蝦子和幾片香菇。起油鍋，將春捲炸至表面呈現漂亮的金黃色。起鍋後瀝乾油份。

4 沾取醬油，即可享用。

日式春捲

Yakitori, teppanyaki & okonomiyaki

日式串燒、日式鐵板燒及大阪燒

日式串燒的日文是「焼き鳥」（yakitori），「鳥」即為雞，意指以雞肉為主要食材的燒烤料理。日本的串燒專門店都是採用木炭燒烤的方式料理烤物，因為經木炭高溫燒烤的肉類或蔬菜，均帶有一股獨特的香氣，深受人們喜愛。在家也可以使用烤爐，佐以精心調製的醬汁，烤出美味的串燒料理。

日式鐵板燒的的日文是「鉄板焼き」（teppanyaki），「鉄板」即為鐵板，意指在鐵板上燒烤食物的料理。在日本，鐵板燒是高級料理，強調食材的原味和鮮度，故會選用最上乘的食材，比如高級牛排、新鮮海鮮、龍蝦等。

大阪燒的日文是「お好み焼き」（okonomiyaki），「お好み」即為喜歡，意指煎烤您喜歡的食物。大阪燒是一種在麵糊中放入大量高麗菜與自己喜歡的食材，攪拌均勻後再放到鐵板上煎熟的什錦煎餅，大人小孩都愛，也是關西大阪飲食文化的代表。

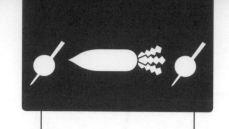

香菇串燒

材料可做成 12 串

新鮮香菇24朵
七味唐辛子

蔬菜串燒醬
蔬菜高湯塊1/2茶匙
醬油100ml
味醂3湯匙
清酒80ml
砂糖2湯匙

準備	10分鐘
烹調	20分鐘

1　蔬菜串燒醬：將所有的材料倒入鍋中加熱，不時攪拌
使糖和高湯塊溶解，直到沸騰。然後轉開小火續煮約
15分鐘，待醬汁呈濃稠狀即關火。

2　香菇洗淨後去蒂，並且用刀子刻出井字。1支竹籤串上
2朵香菇。

3　預熱烤爐。香菇串刷上串燒醬汁，放上烤架烤6分鐘，
途中須翻面。

4　再次刷上醬汁，撒上七味唐辛子，即可享用。

在日本，烤香菇經常刻有井字的雕花裝飾。

2

小提示
蔬菜串燒醬裝入瓶子，可於冰箱冷
藏保存至3星期之久。

豆腐串燒

材料可做成 12 串

板豆腐280g
櫛瓜1條

芝麻醬
醬油4湯匙
芝麻鹽3湯匙
麻油1½湯匙
砂糖2湯匙

搭配食用
白飯4碗
七味唐辛子
辣蘿蔔泥

準備　10分鐘
烹調　20分鐘

1　豆腐瀝乾水份後平均切成24塊。櫛瓜洗淨後切成小段，長度同已切好的豆腐塊。

2　芝麻醬：將全部材料倒入碗中，混合均勻。

3　以1塊方形豆腐加1段櫛瓜交互串起，放入深盤。倒入芝麻醬蓋滿豆腐串，醃20分鐘。

4　預熱烤爐。從醬汁盤中取出豆腐串後瀝乾醃醬，放上烤架烤4分鐘，中途須翻面。接著再浸入醬汁，續烤3至4分鐘，中途須不時翻轉。

5　再浸上一次醬汁，即可同白飯一起上桌。也可搭配七味唐辛子和辣蘿蔔泥享用。

小提示

如果沒有烤爐，可以使用煎烤盤或烤箱。使用烤箱的話，先取一張鋁箔紙舖於烤盤，然後放上2捲用鋁箔紙捲成的滾筒。將已刷好醬汁的燒烤串架在鋁箔紙筒上，烤5分鐘即可享用。中途必須翻面。

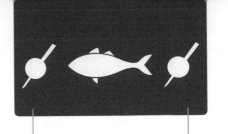

山椒蝦仁串燒

準備	12分鐘
醃製	15分鐘
烹調	6分鐘

大隻生蝦12尾

醬汁
山椒粒或花椒粒1茶匙
青檸汁2湯匙
醬油3湯匙
橄欖油2湯匙

1　醬汁：將山椒粒放入研磨缽中搗碎，倒入醬油、青檸汁、橄欖油，混合均勻。

2　蝦仁去殼，留下頭尾，用竹籤串起後放入深盤。

3　將醬汁倒入深盤後，送進冰箱醃15分鐘。

4　預熱烤爐。從深盤中取出蝦仁串後瀝乾醃醬，放上烤架。每面各烤3分鐘，即可享用。

山椒是一種帶有果香的果實，聞起來有檸檬和檸檬草的味道，非常適合搭配魚或海鮮食用。有粉狀或粒狀，於一般超市或香料店可以找到。亦可將山椒粉加入美乃滋、油醋醬或奶油中。

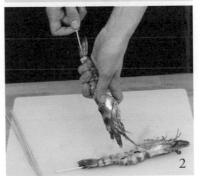

沙丁魚串燒

材料可做成 12 串

沙丁魚肉12片

香草醬汁
香芹1/2把
香菜1/2把
醬油1湯匙
檸檬汁1湯匙
米醋2湯匙
橄欖油2湯匙
芝麻鹽1湯匙或鹽少許

2

準備	10分鐘
醃製	1小時
烹調	6分鐘

1 香草醬汁：將香芹和香菜洗淨，使用食物調理機攪碎。將攪碎的香草倒入碗中，加入其他材料，快速攪拌至呈現乳化狀態。

2 將沙丁魚肉片置於深盤，倒入香草醬汁，送進冰箱醃1個小時。取出魚肉後，瀝乾醬汁，用竹籤串起。

3 預熱烤爐，將魚肉串放上烤架，每面各烤3分鐘，即可與醃製用的醬汁一起上桌。

小提示
コツ
亦可使用其他種類的香草來調製醬汁，比如羅勒、薄荷、芝麻葉、紫蘇……

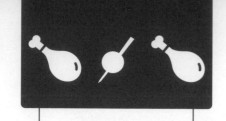

材料可做成 12 串

雞腿肉400g
韭蔥4根
日式串燒醬100ml

搭配食用
熱白飯4碗
七味唐辛子

韭蔥雞肉串燒

準備	20分鐘
醃製	30分鐘
烹調	12分鐘

雞胸肉的油脂較少，烤過的口感容易乾澀過柴，建議使用去骨雞腿肉，

1　韭蔥洗淨後切成4cm長的小段。放入蒸鍋蒸約3分鐘。

2　雞腿去骨後切成大丁。

3　將1塊雞肉丁加1段韭蔥交互串起，放入深盤。倒入日式串燒醬蓋滿雞肉串後，送進冰箱醃30分鐘。

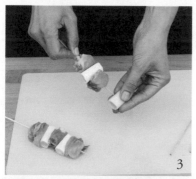

4　預熱烤爐。從深盤中取出韭蔥雞肉串，瀝乾後放上烤架烤4分鐘。接著再浸入醬汁，續烤5分鐘，烤至每面都呈金黃色。中途必須翻面。

5　再浸一次醬汁，即可搭配白飯上桌。亦可搭配七味唐辛子享用。

小提示

小提示
欲避免竹籤於燒烤過程中烤焦，可以先將竹籤泡水15分鐘，再串上食材。

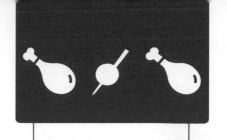

雞肉棒串燒

| 準備 | 25分鐘 |
| 烹調 | 10分鐘 |

這種用雞絞肉做成的肉丸子，是日式串燒中的經典料理。也可以當作內餡用來填充蔬菜，做成蔬菜肉丸或是搭配熱湯享用。

材料可做成 12 串

雞絞肉300g
香腸用已調味豬絞肉150g
青蔥1根或洋蔥苗1根
味噌1/2湯匙
新鮮薑泥1湯匙
日本太白粉1湯匙
日式串燒醬100ml

搭配食用
有機雞蛋蛋黃4顆
醬油

1　青蔥洗淨後切成蔥花。

2　將雞絞肉、豬絞肉、薑泥、蔥花、太白粉倒入碗中，混合均勻。

3　雙手先稍微沾點油，將2湯匙已調味的絞肉，用手捏成1個橢圓形肉丸子。接著將肉丸子串於竹籤上。

4　預熱烤爐。將肉丸子串放上烤架烤4分鐘。用刷子刷上醬汁再烤4分鐘，中途必須翻面。再次刷上醬汁，續烤1至2分鐘，直到肉丸子呈金黃色。

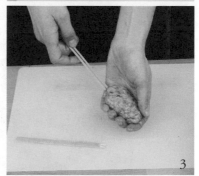

5　再刷一次醬汁，沾上已加入蛋黃的醬油，即可享用。

小提示
建議使用扁的竹籤，可以方便取用。

一口串燒

培根蘆筍捲串燒

紅洋蔥雞肉串燒

紫蘇雞肝捲串燒

牛肉櫛瓜捲串燒

芝麻葉雞肉捲串燒

甜椒雞肉串燒

羽衣甘藍五花肉捲串燒

黑芝麻雞肉串燒

紅洋蔥雞肉串燒

材料可做成12串

雞腿肉400g
紅洋蔥1顆
日式串燒醬50ml

1　雞腿去骨後切成丁。紅洋蔥去皮後亦切丁。
2　將1塊雞肉丁加數片洋蔥丁交互串起。
3　預熱烤爐。紅洋蔥雞肉串刷上醬汁，烤8至10分鐘，中途必須翻面。
4　再刷上一次醬汁，即可享用。

紫蘇雞肝捲串燒

材料可做成12串

雞肝200g
紫蘇葉或芝麻葉12片
日式串燒醬50ml
芝麻

1　紫蘇葉切成半片，雞肝平均切成24塊。用半片紫蘇葉捲起1塊雞肝後裹緊，並且於每枝竹籤串上2個雞肝紫蘇捲。
2　預熱烤爐。雞肝紫蘇捲刷上醬汁，烤3分鐘，中途必須翻面。
3　最後撒上芝麻，即可享用。

培根蘆筍捲串燒

材料可做成12串

綠蘆筍12根
培根18片
日式串燒醬50ml
七味唐辛子

1　將每根蘆筍切成3段，培根則切成一半。
2　每半片培根捲起1段蘆筍捲後裹緊，並且於每根竹籤各串上3捲。
3　預熱烤爐。培根蘆筍捲串刷上醬汁，烤8至10分鐘，中途必須翻面。烤熟後，即可享用。
4　亦可搭配七味唐辛子享用。

牛肉櫛瓜捲串燒

材料可做成12串

牛肉400g
櫛瓜1條
燒肉醬50ml

1　將牛肉平均切成24塊肉片。櫛瓜洗淨後切成細條。用1片牛肉捲起數條櫛瓜後裹緊，並且於每枝竹籤串上2個牛肉櫛瓜捲。
2　預熱烤爐。牛肉櫛瓜捲串刷上醬汁，烤8分鐘，中途必須翻面。烤熟後，即可享用。

甜椒雞肉串燒

材料可做成12串

雞肉棒串燒用的絞肉250g
紅甜椒1顆
現磨胡椒
鹽

1 雙手稍微沾油後，將1湯匙的絞肉用手捏
  1個肉丸子。繼續完成12個肉丸子。
2 甜椒洗淨後切成丁。將肉丸子和甜椒丁
  交互串在竹籤上，並且平均分配成12枝。
3 預熱烤爐。雞肉串撒上鹽和胡椒後，烤8分
  鐘，中途必須翻面。烤熟後，即可享用。

羽衣甘藍五花肉捲串燒

材料可做成12串

羽衣甘藍菜葉4片
豬五花肉300g
日式串燒醬50ml

1 甘藍菜葉洗淨後去除葉梗，並且將每片
  葉子切成6小片。豬五花肉平均切成24
  塊。
2 用1小片甘藍菜捲起1塊小五花肉後裹
  緊，並且於每枝竹籤串上2捲。
3 加熱烤爐。肉捲串刷上醬汁烤10分鐘，
  中途必須翻面。烤熟後，即可享用。

芝麻葉雞肉捲串燒

材料可做成12串

雞胸肉2塊
番茄1顆
帕瑪森乳酪60g
芝麻葉1把
醬油2湯匙
橄欖油1湯匙

1 將雞肉平均切成12塊薄片，帕瑪森乳酪
  切成12條乳酪棒，番茄切成12塊。
2 用1片雞肉捲起1條乳酪棒、1塊番茄以及
  少許芝麻葉後裹緊，並且於每枝竹籤串
  上1捲。
3 將醬油和橄欖油倒入碗中快速攪拌至呈
  乳化狀態。
4 預熱烤爐，芝麻葉雞肉捲串刷上醬汁，
  烤6至8分鐘，中途必須翻面。烤熟後，
  即可享用。

黑芝麻雞肉串燒

材料可做成12串

雞腿肉400g
芝麻3湯匙
日式串燒醬50ml

1 雞腿去骨後平均切成24塊。放入碗中，
  倒入日式串燒醬並送進冰箱醃30分鐘。
2 取出雞肉後瀝乾醬汁，並且於每枝竹籤
  串上2塊雞肉。
3 將雞肉串沾滿芝麻，放上烤架烤8分鐘，中
  途必須翻面。烤熟後，即可享用。

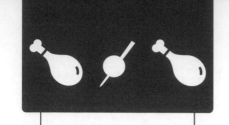

薑汁豬肉串燒

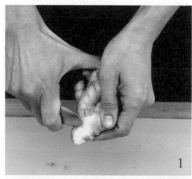

材料可做成 12 串

腰內肉400g
小黃瓜1/4條
豆芽菜些許
熱白飯4碗

醃料用
大蒜2瓣
薑1塊
醬油4湯匙
龍舌蘭糖漿1湯匙
米醋1湯匙
麻油1茶匙

準備	20分鐘
醃製	30分鐘
烹調	10分鐘

日式串燒大多以雞肉為主要食材，但是也可以使用其他肉類，比如這道美味的豬肉串燒。

1　醃料：先用1根小調羹去除薑皮，再磨成薑泥。同樣的，大蒜先去皮再磨成大蒜泥。完成後，將兩者一起放入碗中，並且加入其餘材料攪拌均勻。

2　腰內肉平均切成36塊肉丁，放入深盤。倒入醃料，送進冰箱醃30分鐘。

3　小黃瓜去皮後對切，去籽後切成條狀，連同豆芽菜舖於白飯上。

4　從醃料盤中取出肉丁後瀝乾醬汁，平均串於12枝竹籤。

5　預熱烤爐。將豬肉串放上烤架烤10分鐘，中途必須翻面。

6　再浸一次醃料，即可擺在已經盛有黃瓜條和豆芽菜的白飯上。

小提示
使用芝麻醃醬的話，烤肉串的香氣將更濃郁。

232

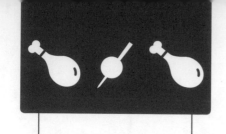

牛肉乳酪捲串燒

材料可做成 12 串

薄切牛肉600g
孔泰乳酪600g
日式串燒醬100ml
芝麻

準備	15分鐘
醃製	30分鐘
烹調	4分鐘

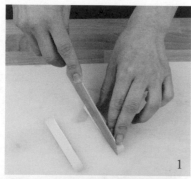

1 將孔泰乳酪切成12條乳酪棒。每根乳酪棒皆用一片牛肉裹好，然後串上竹籤。

2 將牛肉乳酪捲串放入深盤中，倒入醬汁。然後送進冰箱醃30分鐘。

3 預熱烤爐。從醬汁盤取出牛肉乳酪捲串後瀝乾醬汁，放上烤架烤3分鐘，中途必須翻面。用刷子刷上醬汁，再烤1分鐘。

4 再沾一次醬汁，撒上芝麻，即可享用。

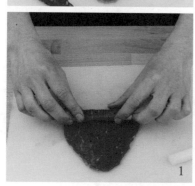

小提示
食譜中的孔泰乳酪亦可用葛瑞爾乳酪（gruyère）、艾曼托（emmental）、高達乳酪（gouda）替代……

鐵板燴菇

準備　10分鐘
烹調　5分鐘

材料可做成 4 人份

新鮮香菇12朵
金針菇或洋菇125g
鴻禧菇或杏鮑菇125g
青檸1顆外皮切成細末
橄欖油些許烹調用

檸檬山葵醬汁
山葵醬1/2湯匙
青檸汁2湯匙
醬油2湯匙
橄欖油2湯匙

1 香菇洗淨後去蒂。金針菇、鴻禧菇洗淨後去尾。

2 醬汁：將山葵和醬油倒入碗中，拌均後加入橄欖油和檸檬汁，攪拌至呈現乳化狀態。

3 鐵板或電熱鐵盤開中火，倒入些許橄欖油。放入所有菇類，用鍋鏟不斷地翻炒。

4 淋上醬汁，輕輕地用鍋鏟翻炒。撒上青檸皮細末，即可盛盤上桌。

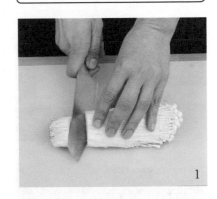

1

小提示
亦可使用薑汁醬代替檸檬山葵醬。

237

鰹魚半敲燒

材料可做成 4 人份

鰹魚或黃鰭鮪魚肉塊500g
白蘿蔔1/4條
紫蘇葉4片或將蘿勒葉和薄
荷葉數片混合使用
新鮮薑泥1湯匙
葵花油些許烹調用

山葵醬
山葵粉2茶匙
醬油2湯匙
米醋2湯匙
麻油1湯匙

準備	10分鐘
烹調	1分鐘

1 山葵醬:將所有材料放入碗中,混合均勻。

2 白蘿蔔去皮後磨成泥。紫蘇洗淨後切成細絲。

3 鐵板或電熱鐵盤開大火,廚房紙巾沾上葵花油後塗滿鐵板。將鰹魚放上鐵板,每面各煎10秒鐘,隨即浸入冰水中,以避免魚肉繼續熟化。取出後,再用廚房紙巾吸乾水份。

4 將鰹魚排切成1cm厚的魚片,盛盤後擺上蘿蔔泥、薑泥、紫蘇葉。淋上山葵醬,即可上桌。

鰹魚半敲燒是一種略為烤熟的鰹魚片,為日本高知地區的名物料理。而半敲燒是指將魚片或肉片放到鐵板上或以火槍略為加熱,然後再快速浸入冰水並取出的烹調方式,能使肉塊呈現外熟內生的狀態。

小提示
鰹魚和鮪魚同屬於鯖科魚類,亦可用來取代鮭魚。

日式燒肉

牛肉塊400g
栗子南瓜1/4顆
洋菇8朵
青椒1顆
紅洋蔥1顆
葵花油些許烹調用

燒肉醬用
洋蔥1/4顆磨成泥
大蒜1瓣磨成泥
醬油3湯匙
味醂3湯匙
清酒2湯匙
芝麻1湯匙
砂糖1½湯匙

搭配食用
熱白飯4碗

| 準備 | 25分鐘 |
| 烹調 | 15分鐘 |

1 燒肉醬：將洋蔥泥放入鍋中，開大火加熱。待沸騰後倒入醬油、清酒、糖，再滾1分鐘。鍋子離火，加入大蒜泥以及芝麻，置旁備用。

2 牛肉切成薄片。紅洋蔥和栗子南瓜去皮亦切成片。洋菇洗淨後去蒂。青椒洗淨切半，去籽後切成3cm厚的片狀。

3 鐵板或電熱鐵盤開中火加熱，廚房紙巾沾滿油後擦拭鍋面，然後一一擺上蔬菜，煎約5至10分鐘。烹調時間依蔬菜種類而定，中途必須翻面。

4 鐵板開大火加熱，放上牛肉片，每面只煎數秒即可。

5 烤熟的牛肉片和蔬菜沾上燒肉醬，即可搭配白飯享用。

「燒き肉」（yakiniku）即為日文的「烤肉」之意。可以選擇比較經濟實惠的沙朗牛肉烹調！

1

培根大阪燒

材料可做成 4 人份
（2 份大阪燒）

培根6片
高麗菜100g
雞蛋1顆
青蔥1根
醃漬薑片1湯匙
白麵粉80g
日本太白粉20g
鰹魚高湯100ml
葵花油些許烹調用

搭配食用
大阪燒醬
鰹魚片1把
青海苔粉

準備	15分鐘
烹調	15分鐘

1　高麗菜洗淨後切成細絲。青蔥洗淨後切成蔥花。薑則切成細絲。

2　高麗菜麵糊：先將麵粉、太白粉、蛋放入碗中，再舀入鰹魚高湯攪拌均勻。接著加入高麗菜和蔥花，再次拌勻。

3　鐵板或電熱鐵盤開中火加熱，用沾滿油的廚房紙巾擦拭鍋面。先將高麗菜麵糊倒到鐵板上，用刮刀推平後煎4分鐘，再撒上醃漬薑片，以及舖上3片培根。將大阪燒翻面，續煎4分鐘。

4　將大阪燒再次翻面，煎4分鐘。然後做最後一次翻面，煎2分鐘。起鍋後盛入盤中並加以保溫——送進烤箱，轉最小火力並讓烤箱門呈半開狀態。以同樣手法再完成另一份大阪燒。

5　刷上大阪燒醬後即可上桌。於享用前可以再撒上鰹魚片和海苔粉。

一般超市有販售大阪燒醬。亦可使用日式炒麵醬或伍斯特醬。

廣島燒

乾燥炒麵麵條或拉麵250g
高麗菜絲100g
蔥或洋蔥苗2根
荷蘭豆60g
培根6片
雞蛋2顆
日本太白粉20g
麵粉80g
鰹魚高湯100ml
葵花油些許烹調用

搭配食用
廣島燒醬或日式炒麵醬
KEWPIE牌美乃滋或一般美
乃滋

| 準備 | 15分鐘 |
| 烹調 | 15分鐘 |

1　麵糊：麵粉、太白粉倒入碗中，舀入鰹魚高湯，攪拌混合均勻後，送進冰箱備用。

2　麵條放入滾水中，按照包裝指示烹煮。煮熟的麵條用冷水沖過，並且瀝乾水份。

3　荷蘭豆用清水洗淨。

4　高麗菜煎餅：鐵板或電熱鐵盤開中火加熱，用沾滿油的廚房紙巾擦拭鍋面。然後將麵糊倒到鐵板上，以刮刀推平。麵糊上方放入一半的高麗菜絲、蔥花、荷蘭豆、3片培根，煎3分鐘。

5　於此同時，製作麵條圓餅：於廣島燒旁邊，取一半的麵條鋪成同麵糊尺寸的圓面，煎3分鐘後翻面。

6　煎一顆蛋，用鍋鏟將蛋壓平；待蛋半熟後，先將它移放到麵條圓餅上方，然後再用鍋鏟將麵條圓餅置於高麗菜煎餅上方。此時，麵條會變成在煎蛋和培根中間。最後將整體翻面，讓煎蛋成為最上層，煎3分鐘。以同樣手法再完成另一份廣島燒。

7　刷上廣島燒醬和美乃滋醬，即可上桌。

4

6

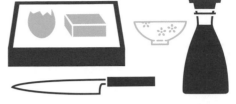

Home mode dishes

家常菜

日式家常菜看起來質樸，但吃來卻很可口。常見的燉煮料理有馬鈴薯燉肉；炸物有天婦羅和日式炸豬排；鍋物料理有日式涮涮鍋或壽喜燒；蒸煮料理有茶碗蒸、清蒸鱸魚等。這些料理的食材不分季節且烹調方式也不難，很快就能學會喔！

金平蘿蔔絲

材料可做成 4 人份

白蘿蔔1/4條去皮
紅蘿蔔2條去皮
香菜4把切碎
芝麻1湯匙
味醂1湯匙
醬油1½湯匙
麻油1湯匙

準備	10分鐘
烹調	7分鐘

1 白蘿蔔、紅蘿蔔切成條狀。

2 於炒鍋中倒入麻油開大火加熱，放入蔬菜後炒約5、6分鐘。

3 倒入味醂以及醬油，拌勻後離火。

4 撒上芝麻及香菜，即可盛盤。

金平（kinpira）是一道經典的日本料理，為先將蔬菜切成細條狀，再加入醬油和味醂調味、拌炒而成的小菜。味道鹹中帶甜，深受日本人喜愛。除了最廣為人知的金平牛蒡絲外，日本人也常使用紅蘿蔔或鹿尾菜來製作這道料理。若希望蔬菜口感較為軟嫩，除了醬油與味醂之外，也可以再加些水煮至沸騰。

小提示
白蘿蔔可以改用蕪菁、歐防風或是洋薑。

豆腐壽喜燒

板豆腐400g瀝乾水份並切成
大方塊
大白菜1/4個切成小段
菠菜200g
韭蔥2根切成段
新鮮香菇4朵對切
新鮮的有機雞蛋4顆
洋蔥苗1根切成蔥花
壽喜燒醬200ml
植物油1/2湯匙

準備	10分鐘
烹調	15分鐘

1　於砂鍋中倒入油加熱，放入板豆腐、韭蔥、香菇、白菜，
　　淋上壽喜燒醬後煮至韭蔥軟化為止，約5或6分鐘。

2　加入菠菜，待煮熟後便離火。撒上蔥花。

3　為每個人準備一顆生雞蛋，請大家各自打入碗中，並
　　且拌勻。待撈起鍋內板豆腐或蔬菜至自己碗裡，即可
　　沾取拌好的生雞蛋享用。

以板豆腐為主的蔬食版壽喜燒，清淡爽口，只要搭配上一
碗白飯，即可當作正餐享用。

小提示
口感札實的板豆腐，不論是
主角或配角，都是壽喜燒不
可錯過的重點食材。

豆腐排

材料可做成 4 人份

板豆腐300g瀝乾水份
大蒜1瓣切成碎末
豆芽菜1把
細蔥4根切成蔥花
麵粉2湯匙
和風醋醬100ml
麻油2湯匙
現磨胡椒
鹽

準備	5分鐘
靜置	15分鐘
烹調	10分鐘

1 用廚房紙巾將板豆腐包起來後,取兩塊砧板夾緊約15分鐘,瀝乾水份。

2 拿掉紙巾後,板豆腐平均切成4片。兩面皆撒上鹽和胡椒,抹上大蒜碎末,並且裹上薄薄的一層麵粉。

3 於煎鍋中倒入1湯匙麻油加熱,放入豆芽菜。開大火炒2至3分鐘後起鍋。

4 將剩餘的麻油倒入炒鍋中,開中火加熱,然後放入豆腐。每面各煎3分鐘。

5 起鍋後盛裝於盤子,並且鋪上些許豆芽菜。淋上和風醋醬,撒上蔥花,即可享用。

清爽且無負擔的豆腐排,也可以搭配蘿蔔泥,並且淋上和風醋醬享用。

茶碗蒸

材料可做成 4 人份

雞蛋3顆
生蝦仁60g
荷蘭豆12片
鰹魚高湯400ml
味醂2湯匙
醬油1/2湯匙
鹽1茶匙

準備	5分鐘
烹調	25分鐘

1　烤箱預熱至150℃。

2　高湯蛋液：蛋打入碗中，加入醬油、味醂、鹽、高湯，混合均勻。

3　將蝦仁以及荷蘭豆仁平均分裝進4個瓷杯中。另外，備留一些蝦仁和荷蘭豆仁，待最後裝飾用。

4　將拌勻的高湯蛋液倒入瓷杯中。

5　在瓷杯口蓋上鋁箔紙，然後放上烤架。將2杯水倒入在烤架底下的瀝油盤中，接著放進烤箱，以隔水加熱的方式蒸烤20分鐘。

6　於蒸蛋上方擺放蝦仁和荷蘭豆，再放回去蒸烤5分鐘。

本食譜使用的是蝦仁，也可以改用其他食材，如雞肉或蟹肉。

小提示

本書所使用的烹調器具為烤箱。也可以改用蒸鍋或電鍋，如此一來便不須蓋上鋁箔紙。

炸蝦天婦羅

大蝦8尾
新鮮香菇8朵
秋葵12條或花椰菜1小顆
白蘿蔔1/4條去皮後磨成泥
紫蘇葉4片
柴魚醬油
油炸用油些許

製作天婦羅炸衣用
蛋黃1顆
低筋白麵粉100g過篩
發粉1/2茶匙
冰水200ml

準備	20分鐘
烹調	10分鐘

1　製作天婦羅炸衣：將所有材料倒入碗中，拌至質地均勻為止。

2　香菇去蒂，秋葵去梗。大蝦去殼，僅留下尾端的殼，然後用刀尖將蝦背劃開以去除黑色腸衣。

3　將油熱至170°C——若是插入的筷子周圍有氣泡產生，表示油溫已達適當溫度。

4　將蝦子、香菇、秋葵分別沾上天婦羅炸衣，隨即放入炸鍋。待炸至外皮呈金黃色時，便撈起置於廚房紙巾上，瀝乾油份。

5　將完成的炸物盛裝於擺有紫蘇和蘿蔔泥的盤中，沾取加入蘿蔔泥的柴魚醬油，即可享用。

小提示
使用天婦羅炸粉來製作炸衣的話，不須加入蛋黃和發粉，僅須按包裝指示加水即可。

清蒸鱸魚

材料可做成 4 人份

各約250g已去鱗、內臟的鱸
魚4尾
韭蔥2根
和風醋醬150ml
麻油3湯匙

準備	10分鐘
烹調	5分鐘

1 切掉韭蔥尾段，剩下的切成細絲。韭蔥絲舖放於蒸盤中，鱸魚置於其上。蓋上鍋蓋後蒸約12至15分鐘。

2 將鱸魚和韭蔥盛盤。

3 先淋上和風醋醬，再淋上稍為加熱過的麻油，即可上桌。

這道料理作法非常容易，也可以用來烹調其他魚料理，如鯛魚或鱒魚。

小提示

欲檢查魚肉是否熟透的話，只要將一根筷子插入魚肉最厚的部位測試即可。若筷子能輕易插入，則代表魚肉已經煮熟。

照燒鮭魚

材料可做成 4 人份

150g鮭魚肉4塊
荷蘭豆1把
豆芽菜1把
薑泥2茶匙
芝麻2湯匙
照燒醬100ml

準備	10分鐘
醃製	30分鐘
烹調	15分鐘

1　鮭魚去除魚皮和魚刺

2　醃醬：將照燒醬和薑泥倒入盤中，混合均勻。

3　將鮭魚放入醃醬盤，送進冰箱醃30分鐘。

4　將荷蘭豆和豆芽菜放入蒸鍋蒸5分鐘。

5　開中火加熱不沾鍋，放入瀝乾醃醬的鮭魚，每面煎3至4分鐘後起鍋備用。

6　用廚房紙巾擦乾不沾鍋後，倒入醃醬煮2、3分鐘，讓醬汁收至濃稠狀。

7　再次將鮭魚放入鍋中，雙面皆沾滿醬汁，讓醬汁可以完全入味。

8　將鮭魚及蔬菜盛裝於盤子，撒上芝麻，即可享用。

小提示
喜歡重口味的話，可以使用辣味大蒜醃醬取代照燒醬。

日式炸豬排

材料可做成 4 人份

150g豬排肉4塊
白飯4碗
高麗菜400g
雞蛋1顆
麵粉4湯匙
日式或傳統麵包粉4至6湯匙
檸檬1/2顆切成4等分
油炸用油
現磨胡椒
鹽

炸豬排醬
蘋果泥4湯匙
現磨薑泥1湯匙
大蒜1顆磨成泥
味醂4湯匙
番茄膏4湯匙
米醋1湯匙
醬油2湯匙
砂糖4湯匙

| 準備 | 10分鐘 |
| 烹調 | 10分鐘 |

豚カツ（tonkatsu）意指「炸豬排」。這道料理在日本極受歡迎，除了乾炸搭配白飯享用以外，也常以丼飯的方式呈現。

1　炸豬排醬：將所有材料倒入鍋中。充分攪拌讓糖完全溶解。待沸騰後轉微火續煮5分鐘，直到醬汁呈濃稠狀。此醬汁置於冰箱冷藏，能保存2星期之久。

2　將蛋打入碗中攪拌均勻，麵粉及麵包粉則分別倒入兩個盤子中。於豬排肉撒上鹽、胡椒，然後依序裹上麵粉、蛋液，最後再沾上麵包粉。注意麵包粉要裹好。

3　炒鍋中倒入油加熱——若插入的筷子周圍有氣泡產生，表示油溫已達適當溫度。

4　將豬排放入油中炸約5分鐘，炸到呈漂亮的金黃色。撈起後，放到廚房紙巾上瀝乾油份。

5　高麗菜切成細絲，盛裝於盤子，並擺上1/4片檸檬做裝飾。豬排切成數塊，舖於高麗菜絲上，淋上炸豬排醬，即可搭配白飯享用。

小提示
如果沒時間準備炸豬排醬，可於超市選購現成的豬排醬。

馬鈴薯燉肉

| 準備 | 10分鐘 |
| 烹調 | 20分鐘 |

材料可做成 4 人份

豬五花肉150g
馬鈴薯3顆
韭蔥2根
蕪菁2顆
紅蘿蔔1條
清酒1湯匙
醬油3湯匙
砂糖2湯匙

1　馬鈴薯去皮後，切成邊長約3至4公分的大丁。韭蔥切小段。紅蘿蔔去皮後，切成長約3公分的蘿蔔塊。蕪菁去皮後，切成8塊。五花肉切成薄片。

2　將蔬菜和肉放入鍋中，加入400ml 的水煮至沸騰，然後轉小火燉煮10分鐘。

3　倒入醬油、清酒、糖，拌勻後煮8分鐘，讓湯汁完全收乾。

肉じゃが（nikujaga）意指「馬鈴薯和肉」；這道菜通常是由媽媽傳授給孩子的，因此在日本人的心目中，也代表著媽媽的味道，深具意義。

小提示

這道料理加熱後味道更佳，可以多做一些，當作冰箱的常備菜。

牛肉500g
板豆腐400g
韭蔥2根
紅蘿蔔1條
白菜1/4個
新鮮香菇8朵
乾燥昆布1塊
芝麻醬300ml

日式涮涮鍋

準備	15分鐘
浸泡	30分鐘

1 鍋中倒入2000ml的水，放入昆布浸泡30分鐘。

2 紅蘿蔔去皮後切成圓片，韭蔥切段。白菜切成4cm長的大小。香菇去蒂。板豆腐瀝乾後切成邊長4cm的塊狀。用一把鋒利的刀子將牛肉切成極薄片。

3 將蔬菜、板豆腐、牛肉片用盤子盛裝。

4 將昆布高湯倒入鍋中，烹煮至沸騰，便將昆布取出。

5 先將蔬菜慢慢放入高湯鍋中。再將牛肉片和板豆腐放入鍋中涮煮。

6 待食材煮熟後，沾取芝麻醬享用。

「しゃぶしゃぶ（shabushabu）」為一擬聲詞，台灣稱之為「涮涮鍋」，形容筷子於高湯中涮煮牛肉片所發出的聲音。這道料理是日本版的中式火鍋。想要變換不同口味的話，可以用和風醋醬來取代芝麻醬。

Desserts

甜點

日式的糕點、甜點類的點心統稱為「和菓子」。「和」為日本，「果子」一詞是果實、水果之類的通稱。草字頭的「菓」，則意指使用草本植物或是水果加工而成的食物。和菓子不僅講究造型、意境，也會隨著季節替換、運用當令食材。依含水量可分為生菓子、半生菓子、乾菓子。生菓子指含水量多的菓子，以細緻的豆沙內餡為最大特色，如饅頭、羊羹、大福等。半生菓子則指含水量介於生菓子和乾果子之間，有最中、桃山、錦玉等。乾菓子是指經過烘焙，可久放的點心，如仙貝、煎餅等。明治維新以後，受到外國文化影響，西洋人帶來了蛋糕及巧克力的西洋點心，這些則稱之為「洋菓子」。如今，受法式甜點風影響，日本也流行著抹茶、芝麻、香橙口味的法式點心。

材料可做成 10 個

紅豆100g
黃豆粉40g
砂糖75g
鹽少許

紅豆糰子

準備	25分鐘
浸泡	1晚
烹調	40分鐘

1　將紅豆放入冷水鍋中，浸泡過夜。

2　隔天將鍋子移至爐火上，煮至沸騰。先倒入1杯冷水，待再次沸騰後便關火。撈出紅豆，並且瀝乾水份。

3　將紅豆重新倒入鍋中，加入紅豆體積5倍的水烹煮。待沸騰後轉小火，煮約40分鐘。撈出已經軟化的紅豆，並且瀝乾水份。

4　再將紅豆倒回鍋中，加入鹽和糖。開小火加熱，煮至糖完全溶解。

5　將紅豆撈出，倒入食物調理機中打成紅豆泥。

6　待其冷卻至室溫後，捏成約乒乓球大小的一口紅豆丸，於食用前裹上黃豆粉。

栗子羊羹

材料可做成 4 人份

甜栗子泥180g
糖漬栗子數顆裝飾用
洋菜粉1茶匙
水150ml

準備	5分鐘
烹調	2分鐘
冷藏	1小時

傳統原味的羊羹，是以紅豆為主原料，再加入洋菜做成的果凍狀食品，也可以依季節使用栗子取代紅豆。它不僅是日本的伴手禮名產，也很適合搭配茶飲食用，

1 將水、洋菜粉倒入鍋中，混合均勻。煮至沸騰後，再續煮30秒鐘。

2 離火後，加入栗子泥。用打蛋器攪拌到完全均勻。

3 倒入12cm×10cm的模型中。待其冷卻至室溫後，放入冰箱中冷藏1小時以上。

4 將栗子羊羹切成方塊，舖上糖漬栗子做裝飾。

材料可做成 4 人份

黑巧克力片100g
嫩豆腐280g
抹茶粉或榛果粉1平茶匙
龍舌蘭糖漿或蔗糖漿2湯匙

準備	10分鐘
烹調	2分鐘
靜置	1晚

風味淡雅的豆腐，甜鹹皆宜。這道以豆腐取代雞蛋做出輕盈質地的巧克力豆腐慕斯，素食者也能享用！

1 巧克力泥：先將巧克力片壓碎，放入鍋中，加入2湯匙水，開微火加熱。一旦巧克力變軟，鍋子便離火，讓巧克力繼續於鍋中融化即可。

2 將切成小塊的豆腐以及龍舌蘭糖漿倒入食物調理機中攪打數分鐘，直到形成慕斯狀。倒入容器中，送進冰箱冷藏一晚。

3 隔天，撒上抹茶粉或榛果粉，即可食用。

小提示
巧克力和抹茶的味道非常相襯，也可以加入抹茶粉一起打成慕斯。

橘子寒天

材料可做成 4 人份

橘子4顆
洋菜粉1/2茶匙
水100ml
龍舌蘭糖漿或蔗糖漿1湯匙

準備	10分鐘
烹調	2分鐘
靜置	1小時

1　從橘子上方橫切，用湯匙將果肉挖出來。注意要維持完整的橘子外皮。

2　將果肉放入果汁機中，攪打後用篩網過濾，以取出乾淨的橘子汁液。

3　將水、龍舌蘭糖漿、洋菜粉倒入鍋中，混合均勻。煮至沸騰後再續煮約30秒。鍋子離火後倒入橘子汁，中途須不停攪拌。

4　將步驟3倒入橘子皮中，待其冷卻至室溫，即送進冰箱冷藏1小時。

抹茶提拉米蘇

西洋梨1顆
手指餅乾16塊
馬士卡彭乳酪200g
雞蛋2顆
抹茶粉3茶匙
砂糖60g
鹽少許
熱水120ml

準備	15分鐘
冷藏	4至12小時
無須烹調	

1 將蛋黃、蛋白分開。於攪拌盆中將蛋黃、糖一起打匀，然後加入馬士卡彭乳酪，攪拌至質地呈現均勻平滑為止。

2 於蛋白中加入少許鹽一起打發，然後加入步驟1。

3 西洋梨去皮後切成小塊。

4 熱抹茶：將1湯匙抹茶粉加入熱水中。

5 先將手指餅乾一一浸入熱抹茶，然後依序取出並放入1個深盤的底部。

6 倒入一部分馬士卡彭鮮奶油，放上數塊梨子並撒上些許抹茶粉。

7 鋪上一層手指餅乾，再蓋上一層馬士卡彭鮮奶油。最後撒上抹茶粉。

8 送進冰箱冷藏4至12小時，即可享用。

抹茶粉是日本茶道中使用的綠茶粉末，經常被使用在糕點中。

材料可做成 8 人份

奶油餅160g
費賽勒乳酪600g
覆盆子數顆

裝飾用
洋菜粉3平茶匙
液體鮮奶油100ml
香橙或青檸1顆榨汁
已融化的奶油60g
砂糖70g

東京香橙乳酪蛋糕
Tokyo cheesecake au yuzu

準備	15分鐘
冷藏	3小時
烹調	15分鐘

1 烤箱預熱至180˚C。

2 製作餅皮：用麵棍將餅乾碾碎後，加入已融化的奶油拌勻。倒入盤底可卸除的蛋糕模中，送進烤箱烤15分鐘。

3 將瀝乾的費賽勒乳酪、香橙汁、糖倒入碗中，混合均勻。

4 將鮮奶油、洋菜粉倒入鍋中，混合均勻後煮至沸騰。
   中途必須一直攪拌到沸騰後30秒。接著將熱鮮奶油倒
   入步驟3，並且攪拌至質地呈完全均勻的狀態。

5 將步驟4倒在已經烤好的餅皮上，送進冰箱冷藏3小時
   以上。

6 將乳酪蛋糕脫模，放上覆盆子加以裝飾，即可上桌。

食譜索引

公制 （國際單位制）	美式英制單位	其他單位	
5 ml	1 茶匙		測量液體
15 ml	1 湯匙		
35 ml	1/8 湯匙	1 盎司	
65 ml	1/4 量杯或 1/4 大玻璃杯	2 盎司	
125 ml	1/2 量杯或 1/2 大玻璃杯	4 盎司	
250 ml	1 量杯或 1 大玻璃杯	8 盎司	
500 ml	2 量杯或 1 品脫		
1 L	4 量杯或 2 品脫		

公制 （國際單位制）	美式英制單位	其他單位	
30 g	1 盎司		測量固體
55 g	1/8 磅	2 盎司	
115 g	1/4 磅	4 盎司	
170 g	3/8 磅	6 盎司	
225 g	1/2 磅	8 盎司	
454 g	1 磅	16 盎司	

熱度	°C	溫度調節器	°F	
微火	70 °C	2-3	150 °F	烤箱溫度
小火	100 °C	3-4	200 °F	
	120 °C	4	250 °F	
中	150 °C	5	300 °F	
	180 °C	6	350 °F	
大火	200 °C	6-7	400 °F	
	230 °C	7-8	450 °F	
極大火	260 °C	8-9	500 °F	

單位轉換表

後會有期！

萬分感謝！

「本書對我來說，真的十分重要，因為它集結了我童年回憶中的每一道食譜。在此要感謝所有協助我，使這本書得以出版的人：伴隨我完成本書的好夥伴巴提斯（Patrice）；日本料理時光的好夥伴席瑞（Cyril）；使 Easy Japan 系列面世，並且促使這本書誕生的歐海莉（Aurélie）。眼光卓越，為我的書做了最後修飾的瑪莉翁（Marion）！同時感謝我的父母帶給我關於料理的品味！」

照片所有
席瑞‧凱斯坦之日本街頭攝影：4-7、10-12、30、60、86、108、126、164、182、214、246 及 268 頁

生活饞 CVC2013

實用日本料理百科：

圖解和食精髓，囊括日式料理文化、食材、工具、器皿、醬汁、烹飪技巧與 150 道菜餚，
只要一本在手、你也可以變達人。

作　　者／洛兒‧琪耶
譯　　者／潘如儀
主　　編／周湘琦
責任編輯／李怜儀
責任企劃／汪婷婷
封面設計／季曉彤
美術設計／果實文化設計工作室

總　編　輯／周湘琦
董　事　長／趙政岷
出　版　者／時報文化出版企業股份有限公司
　　　　　108019 台北市和平西路三段二四〇號七樓
　　　　　發 行 專 線／（〇二）二三〇六一六八四二
　　　　　讀者服務專線／〇八〇〇一二三一一七〇五（〇二）二三〇四一七一〇三
　　　　　讀者服務傳真／（〇二）二三〇四一六八五八
　　　　　郵　　　　撥／一九三四四七二四時報文化出版公司
　　　　　信　　　　箱／一〇八九九臺北華江橋郵局第九九信箱
時報悅讀網／ http://www.readingtimes.com.tw
生活線臉書／ https://www.facebook.com/ctgraphics
電子郵件信箱／ books@readingtimes.com.tw
法律顧問／理律法律事務所 陳長文律師、李念祖律師
印　　刷／金漾印刷有限公司
初版一刷／ 2016 年 9 月 2 日
初版二刷／ 2021 年 9 月 8 日
定　　價／新台幣 499 元

Le Grand Livre de la cuisine japonaise by Laure Kié
© Mango, Paris – 2015
Complex Chinese translation rights arranged through The Grayhawk Agency
Complex Chinese edition copyright © 2016 by China Times Publishing Company
All rights reserved.

實用日本料理百科：圖解和食精髓，囊括日式
料理文化、食材、工具、器皿、醬汁、烹飪技
巧與 150 道菜餚，只要一本在手，你也可以變
達人。/ 洛兒.琪耶著；潘如儀譯 . -- 初版 . --
臺北市：時報文化，2016.09
　面；　　公分 . -- (生活饞)
ISBN 978-957-13-6721-7(平裝)

1. 食譜 2. 日本

427.131　　　　　　　　　　　　105011612